Veröffentlichungen des Königlich Preußischen Meteorologischen Instituts

Herausgegeben durch dessen Direktor

G. Hellmann

Nr. 263

Abhandlungen Bd. IV. Nr. 10.

Über die
Elektrizität der Niederschläge

Von

F. Schindelhauer

Springer-Verlag Berlin Heidelberg GmbH 1913

ISBN 978-3-662-22924-8 ISBN 978-3-662-24866-9 (eBook)
DOI 10.1007/978-3-662-24866-9

Inhaltsverzeichnis

	Seite
Einleitung	5
Versuchsanordnung	11
Ursprüngliche Anordnung	11
Geänderte Versuchsanordnung	14
Aichung des Apparats und Berechnung der Aufzeichnungen	18
Fehlerquellen	20
Ergebnisse	22
Gesamtübersicht	22
Jahreszeitliche Verteilung	23
Charakterisierung der Niederschlagsformen nach Stromstärke und Vorzeichen der Eigenelektrizität	26
Abhängigkeit der Menge und Dauer der beiden Vorzeichen von der Intensität des Niederschlags	33
Abhängigkeit der elektrischen Ladung der Volumeinheit von der Niederschlagsintensität	36
Verhältnis der Dauer der beiden Vorzeichen für verschiedene Volumladungen	38
Zusammenfassung der Ergebnisse	39
Schlußfolgerungen	40
Tabellen	46

Einleitung.

Auf die Bedeutung von Messungen der Elektrizität der atmosphärischen Niederschläge hat zuerst Linß im Jahre 1887 hingewiesen.[1]) Er betont deren Wichtigkeit für die Aufstellung einer stichhaltigen Theorie über die Entstehung der Wolkenelektrizität. Bisher war immer vom Vorzeichen des Potentialgefälles auf das der Eigenelektrizität der Niederschläge geschlossen und Schnee als positiv, Regen als negativ elektrisch angenommen worden, da das Vorzeichen der „Luftelektrizität" bei Schnee positiv, bei Regen vorwiegend negativ gefunden worden war. Diese Schlußweise, sagt Linß, ist irrtümlich, denn bei der Beobachtung des Potentialgefälles wirken sämtliche im Raume befindlichen elektrischen Massen auf die Instrumente ein, nicht bloß die in nächster Umgebung befindlichen, und die Wirkung der nächstgelegenen kann durch die der entfernteren verdeckt werden.

Um den Fall mathematisch präzisieren zu können, geht Linß von der Voraussetzung aus, daß die Scheidung der beiden Elektrizitäten während des Niederschlagsprozesses stets durch die Fallbewegung der Niederschlagsteilchen bewirkt wird, wie man sich auch sonst die Entstehung der beiden Elektrizitäten denken mag.

Am besten übersichtlich wird nun die räumliche Trennung der beiden Elektrizitätsarten dann, wenn die Niederschlagsbildung gleichmäßig und ohne tumultarische Vorgänge über einem größeren Flächenraum der Erde stattfindet, also bei den sogenannten Landregen. Hier müssen zwei übereinanderliegende Schichten entstehen, die entgegengesetztes Vorzeichen haben, und deren horizontale Ausdehnung groß ist im Verhältnis zu ihrer vertikalen Dicke. Linß berechnet nun unter bestimmten Annahmen über Höhe und Ausdehnung einer solchen Doppelschicht das Potentialgefälle an der Erdoberfläche, und zwar erstens unter der Voraussetzung, daß die beiden Schichten entgegengesetzt gleichstark elektrisiert sind (gleichwertige Doppelschicht), und zweitens bei überwiegender Elektrisierung der oberen Schicht. Es zeigt sich, daß bei nur geringem Überwiegen der Elektrisierung der oberen Schicht das Vorzeichen des Potentialgefälles von dieser bestimmt wird und nicht von der nähergelegenen unteren Schicht. Hieraus folgert Linß: „Aus der von vielen Beobachtern bestätigten Tatsache, daß in dem Gebiet eines ausgedehnten Regenfalls die negative, im Gebiet eines ausgedehnten Schneefalls die positive „Luftelektrizität" vorherrscht, läßt sich mit keinerlei Sicherheit schließen, daß die Regentropfen negativ, die Schneeflocken positiv elektrisch sind, es kann ebensowohl das Gegenteil der Fall sein". Er stellt nun folgende Forderungen:

---

[1]) Linß, Met. Z. S. Bd. 4, p. 345, 1887.

a) „die Elektrizität der Niederschlagsteilchen direkt durch Auffangen derselben in isolierten Gefäßen zu bestimmen,

b) durch Abschließung eines Luftquantums in rings geschlossenen jedoch luftdurchlässigen Leitern und Prüfung der elektrischen Wirkung des Luftquantums die elektrische Dichtigkeit der erreichbaren Luftschichten zu ermitteln,

c) durch gleichzeitige Beobachtungen an möglichst vielen Punkten eines Niederschlagsgebietes, sowohl an der Erdoberfläche, wie in verschiedenen Höhen, den Gang des Potentialgefälles festzustellen". Die Kenntnis des Verlaufs des Potentialgefälles in vertikaler Richtung soll über die Verteilung der elektrisch wirksamen Massen Aufschluß geben, und Linß denkt sich derartige Messungen mit Hilfe von Drachen angestellt.

Elster und Geitel sind die ersten, welche eine experimentelle Bestimmung der Eigenelektrizität der Niederschläge vornehmen.[1]) Sie fangen die Niederschläge in einer 3 cm hohen Zinkschale auf, die auf einer Mascartschen Flasche isoliert aufgestellt und mit einen Quadrantenelektrometer verbunden ist. Durch einen zur Erde abgeleiteten Zylinder, der die Auffangschale umgibt, ist diese dem elektrischen Felde der Erde entzogen. Nach Öffnen eines an diesem Schutzzylinder befindlichen Deckels kann die Auffangschale eine gewisse Zeit den Niederschlägen ausgesetzt und ihre Spannung am Elektrometer abgelesen werden. Diese Versuchsanordnung ist im Wesentlichen von allen späteren Beobachtern beibehalten worden. Es läßt sich zunächst nur das Vorzeichen der herabgebrachten Elektrizitätsmengen damit bestimmen, für eine genauere Messung ist Wägung der Niederschläge und Bestimmung der Tropfengröße nötig. Aus den ersten mitgeteilten Messungen „geht zunächst mit Sicherheit hervor, daß den atmosphärischen Niederschlägen eine bestimmte elektrische Spannung gegenüber dem Erdkörper zukommt". Das Vorzeichen scheint dem des Luftpotentials meist entgegengesetzt zu sein.

Weitere Messungen mit vervollkommnetem Apparat werden von Elster und Geitel im Jahre 1890 veröffentlicht.[2]) Die möglichen Fehlerquellen und die Handhabung des Apparates werden eingehend beschrieben. Von den Ergebnissen ist hervorzuheben, daß hier zum ersten Male die starken Ladungen von Schnee beobachtet werden, die zuweilen so bedeutend sind, daß man das Hineinfallen einzelner Flocken in das Auffanggefäß an den ruckweisen Vorwärtsbewegungen der Elektrometernadel beobachten kann. Das Vorzeichen der Niederschläge wechselt sehr häufig, aber doch nicht so oft wie das des Potentialgefälles. Bei Schnee haben Niederschlagselektrizität und Potentialgefälle meist gleiches, bei Regen dagegen überwiegend das entgegengesetzte Vorzeichen. Ganz schwache Niederschläge, z. B. Sprühregen am Rande von Gewittern können sehr starke Ladungen herunterbringen, man ist gezwungen auf den Tropfen eine sehr große elektrische Dichtigkeit anzunehmen. Ausgedehnte Schnee- und Regenfälle sind dagegen schwach elektrisch. Im Ganzen scheint das negative Vorzeichen vorzuherrschen, es könnte dies nach der Ansicht der Verfasser als eine Bestätigung der Theorien von Exner und Arrhenius angesehen werden, die ein Entweichen negativer Elektrizität aus der Erdoberfläche in die Atmosphäre annehmen.

---

[1]) Elster u. Geitel, Met. Z. S. Bd. 5, p. 95, 1888.
[2]) Elster u. Geitel, Wien. Ber. 99 [2a] 1890, p. 421.

Von besonderer Wichtigkeit ist der Abschnitt, in dem die Verfasser die Störungen des atmosphärischen Potentialgefälles durch fallende Niederschläge besprechen. Das normale Potentialgefälle läßt sich durch negative Erdladung oder Annahme positiv geladener Massen in der Höhe erklären. Beim Fallen von Niederschlägen ist sein Verhalten ein so grundverschiedenes, daß hier nach einer ganz anderen Erklärung gesucht werden muß. Elster und Geitel betonen nun, daß alle elektromotorisch wirksamen Vorgänge, an die man bisher gedacht, wie Kontakt und Reibung, ebenso wie noch unbekannte, die bei der Kondensation des Wasserdampfs stattfinden sollen, quantitativ unzureichend sind, um eine Scheidung der großen Elektrizitätsmengen hervorzurufen, um die es sich bei Gewittern handelt, und die beim Auffangen der Niederschläge experimentell bestimmt werden. Sie suchen vielmehr die Ursache der Wolkenelektrizität in Influenzvorgängen irgend welcher Art, die durch das elektrische Feld der Erde hervorgerufen werden, und bei denen die Fallbewegung der Niederschläge als Energiequelle aufzufassen ist.

Weitere Beobachtungen mit derselben Versuchsanordnung werden von H. Geitel 1891 veröffentlicht.[1])

Während sich Elster und Geitel mit vereinzelten Augenablesungen begnügen, bei denen die Gegenwart des Beobachters nötig ist, wird von Gerdien[2]) am Göttinger Geophysikalischen Institut zum ersten Male eine Registrierung der Niederschlagselektrizität vorgenommen, und zwar in sehr vollkommener Weise auf photographischem Wege.

Bisher war das Auffanggefäß, nachdem eine genügende Menge Niederschlag aufgefangen und ein passender Ausschlag der Elektrometernadel erreicht war, mit einem Deckel verschlossen, und nach Ablesen des Ausschlages das System Auffanggefäß + Elektrometer zur Erde abgeleitet worden. Gerdien verwirft diese diskontinuierliche Methode für die Registrierung und leitet das Auffanggefäß durch einen großen Widerstand dauernd zur Erde ab, sodaß das zur Messung benutzte Quadrantenelektrometer auch die Stromstärkeschwankungen in sehr kleinen Zeiten aufzeichnet. Gleichzeitig registriert er die Niederschlagsmenge durch Wägung der aufgefangenen Niederschläge. Das Potentialgefälle wird ebenfalls photographisch aufgezeichnet. und zwar durch ein sehr unempfindlich gemachtes Elektrometer, das selbst bei Spannungen von 5000 Volt nur kleine Ausschläge gibt und so imstande ist die bei Störungen vorkommenden großen Spannungsschwankungen wiederzugeben.

Gerdien findet in einer kürzeren Beobachtungsreihe bereits charakteristische Unterschiede zwischen „Landregen", „Böenregen" und „Gewitterregen". Dagegen findet er keine wesentlichen Merkmale, wodurch Regen, Schnee, Hagel und Graupeln elektrisch gekennzeichnet würden.

Bei „Landregen" ist das Potentialgefälle meist negativ und wächst bis etwa 1000—2000 Volt pro Meter; charakteristisch ist das seltene Vorkommen positiver Felder. Das Vorzeichen der Niederschlagselektrizität ist wechselnd, doch hält Gerdien das negative Vorzeichen für häufiger auftretend. Es kommen Stromdichten bis $10^{-14} \frac{Amp}{qcm}$ vor. Zeitweise kommt Landregen mit nicht mehr nachweisbaren Ladungen vor.

„Böenregen" sind gekennzeichnet durch periodisch wechselnde Feldrichtungen im Betrage von 4000—6000 Volt pro Meter, die oft innerhalb weniger Sekunden ihr Vorzeichen wechseln.

---

[1]) Geitel, Verh. d. Ges. deutsch. Naturf. u. Ärzte 1891, 25—28.
[2]) Gerdien, Münch. Sitz. Ber. 1903, p. 367.

Beim Herannahen der Böenfront herrscht meist positives Gefälle. Ebenso veränderlich erweist sich die Niederschlagselektrizität, deren Stromdichte hier bis $10^{-13} \frac{\text{Amp}}{\text{qcm}}$ gefunden wird. Es kommen Schwankungen kürzerer Periode vor, die sich den Änderungen von längerer Dauer überlagern. Wie Elster und Geitel findet Gerdien, daß sich die Niederschlagselektrizität im Vorzeichenwechsel träger verhält als das Potentialgefälle.

Die lebhafteste elektrische Tätigkeit finden wir bei „Gewitterregen", bei denen Felder von 10 000 Volt pro Meter keine Seltenheit sind und Ströme von $10^{-12} \frac{\text{Amp.}}{\text{qcm}}$ vorkommen. Anscheinend kommen so schnelle Vorzeichenwechsel im Potentialgefälle vor, daß die Registrierung ihnen nicht zu folgen vermag. Solange noch Blitzentladungen stattfinden, übersteigen die Stromdichten nicht wesentlich die bei Böen gefundenen, erst beim Abziehen des Gewitters nimmt die Niederschlagselektrizität sehr schnell große Werte an. Wichtig ist das von Gerdien beobachtete Phänomen, „daß Niederschläge, deren Ladung das entgegengesetzte Vorzeichen hatte als das momentan bestehende Feld, beim Anwachsen des Feldes schwächer und schwächer niedergehen, um dann im Momente der Entladung, oder gar des Umschlagens der Feldrichtung in die entgegengesetzte, mit großer Intensität herabzustürzen, und daß andererseits Niederschläge von einer Ladung gleichen Vorzeichens beim Anwachsen des Feldes äußerst heftig niedergehen, während sie sofort nach einer Entladung oder Feldumkehr fast aussetzen". Es kommt dies einer Verzögerung oder Beschleunigung des Falles durch die vorhandene Eigenladung der Niederschläge gleich. Nach angenäherter Berechnung glaubt Gerdien, daß die Gravitationsenergie zur Erklärung sämtlicher elektrischer Erscheinungen vollständig ausreicht. Der größte Prozentsatz von Gravitationsenergie wird bei Gewittern in elektrische Energie umgesetzt, der kleinste bei Landregen. Die inzwischen aufgestellte Wilsonsche Kondensationstheorie, welche auf Experimenten von Wilson beruhend, die Wolkenelektrizität durch die leichtere Kondensation des Wasserdampfes an den negativen Ionen erklärt, glaubt Gerdien stützen zu können, denn er schließt aus seinen Beobachtungen, daß überwiegend negative Ladungen von den Niederschlägen zur Erde heruntergebracht werden.

Augenbeochtungen der Niederschlagselektrizität mit einem Hankelschen Elektrometer veröffentlicht Weiß im Jahre 1906[1]). Er wendet eine andere Auffangmethode an. Dadurch daß man das Auffanggefäß mit einem Schutzzylinder umgeben muß, entzieht man es dem Erdfelde, veranlaßt aber gleichzeitig eine andere Fehlerquelle. Es können nämlich Tropfen von dem Schutzzylinder abspringen und in das Auffanggefäß gelangen, wodurch dieses Ladungen erhält, deren Vorzeichen dem der Luftelektrizität entgegengesetzt ist. Weiß exponiert daher ohne jeden elektrostatischen Schutz und verbindet erst nachher mit dem Elektrometer. Damit ferner das Abspritzen der Tropfen von dem Auffanggefäß selbst unmöglich gemacht wird, benutzt er zum Auffangen eine Bürste, auf der die Tropfen aufgespießt werden. Gleichzeitig mit der Niederschlagselektrizität beobachtet er den Gang des Luftpotentials und macht vor allen Dingen Messungen der Zahl und Größe der Regentropfen nach der Wiesnerschen Methode durch Auffangen auf Filtrierpapier, das mit Eosin bestäubt ist. Hierbei kann aus dem Durch-

---

[1]) Weiß, Wien, Sitz.-Ber. 1906, p. 1285.

messer des hinterlassenen Fleckes auf den Tropfenradius geschlossen werden. Diese gleichzeitigen Messungen ermöglichen die Berechnung der Ladung eines einzelnen Tropfens. Die Beobachtungen erstrecken sich über einen verhältnismäßig geringen Zeitraum und betreffen Schneefälle, einige ruhige schwache Regenfälle und einige Böen. Weiß findet bei schwachen Niederschlägen die Ladungen der Niederschläge gering und das Potentialgefälle wenig gestört. Bei Schneefällen stimmen beide Vorzeichen überein, und zwar sind Schneeflocken meist positiv elektrisch. Bei einer Änderung im Charakter der Niederschlagsbildung tritt häufig auch eine Änderung der elektrischen Faktoren ein. Ein Überwiegen des negativen Vorzeichens, wie es Gerdien fordert, wird von ihm nicht bemerkt. Die Ladung der einzelnen Tropfen ist außerordentlich veränderlich, ebenso wie ihre Größe, ihre Spannung beträgt oft mehr als 10 Volt. Am konstantesten ist noch die Ladung der Gewichtseinheit.

Im Jahre 1908 richtet Kähler in Potsdam eine Registrierung der Niederschlagselektrizität mit dem mechanisch registrierenden Benndorfelektrometer ein[1]). Dieses Elektrometer registriert alle zwei Minuten einen Momentanwert der Spannung, man muß deswegen zu einer diskontinuierlichen Arbeitsmethode zurückkehren. Es wird die Summe der in zwei Minuten dem Auffanggefäß zugeführten Elektrizitätsmengen aufgezeichnet und nach der Aufzeichnung zur Erde abgeleitet. Eine kurze vorläufige Beobachtungsreihe scheint im wesentlichen eine Bestätigung der Kondensationstheorie zu ergeben.

Die bisherigen Beobachtungen können mit einigem Recht im Sinne der Wilson-Gerdienschen Gewittertheorie ausgelegt werden, da ein Überschuß von negativer Elektrizität von den Niederschlägen heruntergebracht zu werden scheint. An den negativen Ionen kondensiert sich der Wasserdampf schon bei geringeren Sättigungsdrucken als an den positiven, die Regentropfen müssen daher vorwiegend negativ geladen sein. Nunmehr findet Simpson in Indien bei einer längeren Beobachtungsreihe das Gegenteil: die Gesamtsumme der gemessenen Stromstärken ist positiv. Er stellt daher eine neue Gewittertheorie auf, die er durch Experimente im Laboratorium stützt, und deren Anwendbarkeit auf atmosphärische Vorgänge er theoretisch erörtert[2]).

Simpson unternimmt seine Beobachtungen unter vorwiegender Berücksichtigung von Gewittern, wofür die Tropen die günstigsten Bedingungen zu bieten scheinen. Seine Versuchsanordnung ist für fortlaufende Registrierung eingerichtet, und zwar verwendet er wie Kähler das Elektrometer von Benndorf. Er registriert gleichzeitig mit der Niederschlagselektrizität die Niederschlagsmenge, das Vorzeichen des Potentialgefälles und die Blitzentladungen mit Hilfe eines Kohärers. Die Beobachtungen fallen in die Zeit von April bis September 1908, also in die Jahreszeit der Monsunregen, der Beobachtungsort ist Simla. Insgesamt erhält Simpson während dieser Zeit 2003 brauchbare Einzelregistrierungen von dem Benndorfelektrometer, von denen 1395 positive, 608 negative Ladungen angeben. Die gesamte positive Elektrizitätsmenge, die pro Quadratzentimeter Oberfläche gefallen ist, beträgt 22,3 elektrostatische Einheiten, die negative 7,6 Einheiten. Es wird also 2,9 mal mehr positive Elektrizität erhalten, und die Zeit, während der positiver Regen fällt, ist 2,4 mal länger. Hiermit ist den Theorien, die vorwiegend negative Ladung der Regentropfen verlangen, der Boden entzogen. Von den übrigen Resul-

---

[1]) Kähler, Phys. Z. S. 9, p. 258, 1908.
[2]) Simpson, Memoirs of the Indian Meteorol. Departm. Vol. XX, Part. 8, 1910.

taten ist noch hervorzuheben, daß Simpson Regen von großer Intensität immer positiv und Regen von geringer Intensität mit sehr großen Elektrizitätsmengen beladen findet. Es gibt außerordentlich stark elektrische Tropfen, er findet in einem Falle nahezu 20 absolute Einheiten im Kubikzentimeter Wasser.

Da hiernach die Kondensationstheorie verlassen werden muß — es sind schon vorher gewichtige Gründe quantitativer Natur dagegen geltend gemacht worden, da sie starke Übersättigungen verlangt, die in der Natur nicht vorkommen — so sucht Simpson nach einer anderen Erklärung der Gewitterelektrizität. Er findet sie in dem von Lenard entdeckten Wasserfalleffekt, der nach seinen Experimenten auch beim Zerspritzen der Tropfen in der Luft eintritt. Nach dem Zerspritzen hat das Wasser positive Ladung angenommen, während die äquivalente negative Ladung in der umgebenden Luft nachgewiesen werden kann. Hierin soll die Elektrizitätsquelle der Gewitter zu finden sein, sie würde ja auch positive Regentropfen liefern. Auch quantitativ hält sie Simpson für ergiebig genug, um die Scheidung der großen Elektrizitätsmengen zu ermöglichen, die bei Blitzentladungen ihren Ausgleich finden.

Im Jahre 1909 setzt Simpson seine Beobachtungen fort und findet sowohl bei Regen als bei Schnee und Hagel einen positiven Überschuß.

In Europa wird eine längere zusammenhängende Registrierreihe zum ersten Male von Kähler in Potsdam gleichzeitig mit Simpson veröffentlicht[1]. Er erhält ebenfalls einen positiven Überschuß beim Regen, nicht dagegen beim Schnee, wo eine Bevorzugung eines Vorzeichens nicht zu bemerken ist. Böen haben einen nicht so starken positiven Überschuß, Gewitter den geringsten.

Bei der Untersuchung der Beziehung zwischen Regenelektrizität und Regenstärke findet Kähler ebenso wie Simpson sehr starke Ladungen, in manchen Fällen mehr als 40 elektrostatische Einheiten pro Kubikzentimeter, was wiederum als Beweis gegen die Kondensationstheorie gelten muß.

Weitere Beobachtungen, die von Chauveau veranlaßt und von Baldit in Puy-en-Velay angestellt werden, bestätigen den positiven Überschuß der Niederschlagsladungen.[2] Baldit macht Augenablesungen an einem Gerdienschen Elektrometer mit Spiegelablesung. Wegen der größeren Empfindlichkeit des Instruments ist es ihm möglich, alle 15 Sekunden eine Ablesung zu machen, während die Benndorfelektrometer nur Mittelwerte der Ladungen über 2 Minuten geben. Die Beobachtungen umfassen einen Zeitraum von 6 Monaten, während dessen 48 Regenfälle (davon 27 Gewitter) stattfinden. Im Ganzen sind 3496 brauchbare Einzelablesungen vorhanden, wovon 2104 positiv und 1388 negativ sind. Das Verhältnis der positiven zur negativen Regendauer ist also 1,2 (bei Simpson 2,5), das Verhältnis der heruntergebrachten positiven Elektrizitätsmenge zur negativen 1,45 (2,9 in Indien). Messungen der Ladung in der Volumeinheit Regenwasser sind nur annäherungsweise gemacht worden.

Baldit setzt die Messungen mit vervollkommneter Versuchsanordnung von Mai bis Dezember 1911 fort und erhält während dieser Zeit 11336 Intervalle, von denen 8400 positiv, 2936 negativ sind (Verhältnis 2,86). Die Gesamtsumme der heruntergebrachten positiven

---

[1] Kähler, Veröff. d. Kgl. Preuß. Meteorol. Inst., Ergebn. der meteorol. Beobacht. in Potsdam im Jahre 1908.
[2] Chauveau, Le Radium, April 1911 und Baldit, Comptes rend. 152, 12 Mars 1911.

Ladungen beträgt 7,52 absolute Einheiten, die der negativen 5,51 absolute Einheiten, woraus sich ein positiver Überschuß von 2,01 Einheiten ergibt. Das Verhältnis der positiven zur negativen Elektrizitätsmenge ist nur 1,36, also ziemlich klein. Die Ladungen der Volumeinheit sind außerordentlich stark, als Maximum werden am 14. Juli während einer Minute 43,6 negative Einheiten im Kubikzentimeter gefunden während eines Regens, der nur 0,003 Millimeter in der Minute ergibt. Große Stromdichten findet Baldit ebenso wie Simpson häufiger mit positiver Richtung, vorausgesetzt, daß der Regen sehr ergibig ist, dagegen sind große negative Stromdichten bei schwachem Regen die Regel. Den größten positiven Überschuß findet Baldit bei Landregen, einen kleineren bei Gewittern, den kleinsten bei Böenregen.

Mc. Clelland und Nolan veröffentlichen 1912 eine Reihe von Augenablesungen mit einem Dolezalekelektrometer, die aber nur wenige Monate umfaßt.[1]) Gewitter sind nicht darin enthalten. Es wird ein sehr starker positiver Überschuß gefunden. Dagegen ist Regen von kleiner Tropfengröße immer negativ elektrisch. Die Verfasser schließen hieraus, daß die Simpsonsche Theorie auch auf Regen von nicht gewittrigem Typus anwendbar sei.

Versuchsanordnung.

Die vorliegende Untersuchung behandelt die Ergebnisse der Registrierungen der Niederschlagselektrizität zu Potsdam in den Jahren 1909—1911. Im Jahre 1911 wurden einige Änderungen in der Versuchsanordnung getroffen, während bis zu diesem Zeitpunkte der Apparat in der ursprünglichen von Kähler geschaffenen Form arbeitete.[2]) Es möge diese zuerst noch einmal beschrieben werden.

Ursprüngliche Anordnung.

Auffangvorrichtung. Die Methode des Auffangens der Niederschläge ist im Wesentlichen die von Elster und Geitel angegebene. In Figur 1 ist die Anordnung des Auffangs besonders skizziert. Die Niederschläge gelangen in die Zinkschale A von 30 cm Durchmesser und 10 cm Höhe, welche isoliert aufgestellt und mit dem Elektrometer verbunden ist. Der obere Rand ist scharf, sodaß ein nennenswertes Zerspritzen von Tropfen an ihm nicht stattfinden kann. Um die Schale dem elektrischen Felde der Erde zu entziehen, ist ein oben offener Drahtkäfig K darüber gestülpt, dessen Höhe 1,40 m, Breite und Tiefe 1,70 m beträgt, und der durch einen angelöteten Kupferdraht mit der Erde in Verbindung gesetzt ist. Zum Teil dem gleichen Zwecke dienen die konischen Blenden Bl_1 und Bl_2, die mit dem Drahtkäfig in metallischer Verbindung stehen. Die untere Bl_1, welche sich unmittelbar über der Auffangschale A befindet, ist vom gleichen Durchmesser wie A und ihr oberer Rand ist ebenfalls scharf abgeschnitten. Sie dient hauptsächlich dazu, ein seitliches Auffallen von Tropfen auf die Außenfläche des Auffanggefäßes und ihr nachheriges Abgleiten daran zu verhindern. Die obere Blende Bl_2 hat einen Durchmesser von 70 cm und ihre kreisrunde Öffnung steht 27 cm über der von Bl_1. Sie vervollständigt einesteils den elektrostatischen Schutz des Auffang-

---
[1]) Mc. Clelland u. Nolan, Le Radium 9, p. 277, 1912.
[2]) Kähler, Phys. Z. S. 9, 258, 1908.

gefäßes, andernteils vereitelt sie ein Hineingelangen von Tröpfchen in das Auffanggefäß, welche durch Zerspritzen von seitlich einfallenden Regentropfen auf dem Drahtkäfig K entstanden sind, und von hier fälschende Ladungen dem Elektrometer zuführen würden. Die Höhe von Bl_2 ist so gewählt worden, daß Tropfen, die unter einem Winkel von 30^0 den oberen Rand des Drahtnetzes streifen, nicht mehr in die Öffnung der Blenden und damit in das Auffanggefäß gelangen können. Das Auffanggefäß steht in einem Anbau des Wellblechhauses, in dem in Potsdam die luftelektrischen Apparate Platz gefunden haben. Die untere Blende Bl_1 ragt nur wenig über das Dach dieses Anbaus hinaus, sie ist ebenso wie Bl_2 und der Drahtkäfig in fester metallischer Verbindung mit dem Wellblechdach. Die Auffangschale steht im Innern des Anbaus auf einem Holzstativ. Zur Isolation dienen 3 geriefte Bernsteinklötze b (Fig. 2), die von metallischen Schutzzylindern umgeben sind.

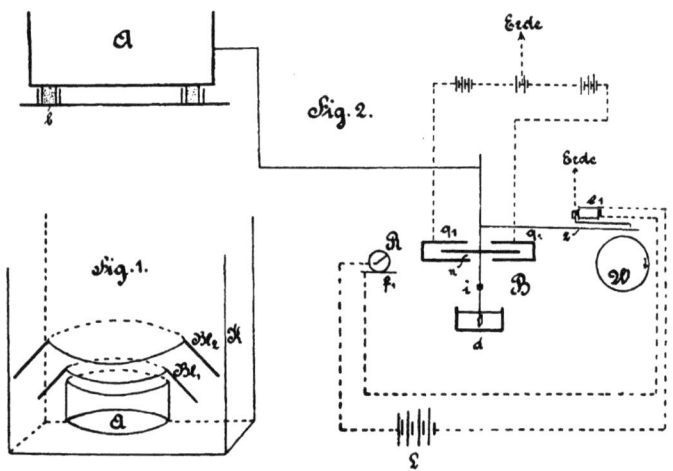

Elektrometer. Zur Messung der aufgefangenen Elektrizitätsmengen dient das mechanisch registrierende Quadrantenelektrometer nach Benndorf.[1]) In Figur 2 ist das Instrument schematisch gezeichnet. Die Nadel n dieses Elektrometers hat die gebräuchliche Lemniskatenform und ist an einem Platindraht bifilar aufgehängt. Mit dem Nadelträger ist ein langer Zeiger z starr verbunden, dessen Ausschlag ein Maß für die angelegte Spannung gibt. Da infolgedessen die Schwingungsdauer ziemlich groß ist, so wird eine Schwefelsäuredämpfung d angewendet. Am Ende des Nadelträgers sitzt ein dünnes Platinblech, welches in konzentrierter Schwefelsäure schwingt. Das Elektrometer wird in Nadelschaltung benutzt, das zu messende Potential liegt an der Nadel, während die Quadrantenpaare durch eine in der Mitte geerdete Batterie auf entgegengesetzt gleichem Potential gehalten werden. Die Zuleitung zur Nadel geschieht über die Suspension hinweg. Der Torsionskopf ist vom Gehäuse durch Bernstein

[1]) Benndorf, Phys. Z. S. 7, 98, 1906.

isoliert. Damit die Ladung der Nadel nicht bis in die Schwefelsäuredämpfung vordringt, ist der Dämpfungsflügel vom Nadelträger durch das Bernsteinstück i isoliert.

Die Fixierung des jeweiligen Standes des Zeigers z erreicht Benndorf durch ein mechanisches Druckverfahren. Das Registrierpapier, welches die Kurve aufnehmen soll, wird von der Walze W, die eine Uhr im Sinne des Pfeils in Umdrehung versetzt, unter dem Zeiger z vorbeigezogen. Zwischen Papier und Zeiger liegt ein Farbband, wie es bei Schreibmaschinen üblich ist. Der über dem Zeiger angeordnete Elektromagnet e_l zieht bei Stromschluß den kurzen Hebelarm eines Winkelhebels an, dessen langer Hebelarm dann den Zeiger mit dem zwischenliegenden Farbband auf das Papier drückt. Hierdurch wird die augenblickliche Stellung des Zeigers auf dem Papier fixiert. Die Stromschlüsse des Elektromagneten werden in gleichen Zeitabständen durch das Rädchen R bewirkt, das von der Uhr angetrieben seine ganze Umdrehung in 2 Minuten vollendet. Es besteht aus Hartgummi und trägt radial einen Platinstreifen, der mit der Achse metallisch verbunden ist und an dem einen Pol der Stromquelle L liegt. Der andere Pol dieser Stromquelle ist über den Elektromagneten e_l an die Platinfeder f_1 geführt, die auf der Stirnfläche des Hartgummirädchens schleift. Bei jedesmaliger Berührung der Feder mit dem Platinstreifen wird der Strom geschlossen und ein Punkt der Kurve auf dem Papier fixiert.

Wie aus der Figur 2 ersichtlich, ist der Zeiger z in leitender Verbindung mit der Nadel und damit mit dem Auffanggefäß. Hierdurch wird folgendes erreicht. Wenn der Stromkreis des Elektromagneten e_l geöffnet ist, schwingt der Zeiger frei, das System Elektrometer + Auffanggefäß ist isoliert und damit befähigt, Ladungen, die von fallenden Niederschlägen herrühren, aufzunehmen. Sobald jedoch — nach Verlauf von 2 Minuten — der Zeiger in metallische Berührung mit dem mit Erde verbundenen Winkelhebel kommt, wird die aufgefangene Elektrizitätsmenge zur Erde abgeleitet, und damit der Apparat zu einer neuen Messung bereit gemacht. Das Elektrometer liefert also die Gesamtsumme der in 2 Minuten aufgefangenen Elektrizitätsmengen, vorausgesetzt, daß die Isolation vollkommen ist und der Elektrizitätsverlust, welcher durch die Ionisation der Luft hervorgerufen wird, vernachlässigt wird.

Änderung der Empfindlichkeit. Die Messung der Elektrizität der Niederschläge stellt an die Größe des Meßbereichs des Elektrometers hohe Anforderungen. Durch Landregen werden nur schwache Ladungen heruntergebracht, und wollte man die Empfindlichkeit so hoch wählen, daß die Messung dieser schwachen Ladungen gelingt, so würde bei Böen und Gewittern die Nadel dauernd am Rande des Papiers anliegen, und diese großen Ausschläge würden verloren gehen. Leider beträgt beim Benndorfelektrometer der zu beiden Seiten der Nulllinie liegende Raum nur etwa je 5 cm. Es wurde daher auch am Niederschlagselektrometer die von Sprung[1]) beschriebene automatische Umschaltung auf geringere Empfindlichkeit angebracht, welche in Funktion tritt sobald die Nadel über den Rand des Papiers hinausgeht. Es wird dann ein geringeres Hilfspotential eingeschaltet als das gewöhnlich an den Quadranten liegende.

Messung der Niederschlagsmenge. Um die Elektrizitätsmenge berechnen zu können, welche von der Volumeinheit des gefallenen Niederschlags transportiert worden ist, muß man

---
[1]) Sprung, Erg. der Meteorolog. Beob. in Potsdam im Jahre 1904, p. IX.

die Möglichkeit haben, die Intensität des Niederschlags bestimmen zu können. Bei der ursprünglichen Versuchsanordnung bot sich keine Gelegenheit, eine solche Messung am Auffanggefäß A selbst vorzunehmen. Vielmehr wurde die Niederschlagsmenge der in einer Entfernung von 6 m vom Auffanggefäß aufgestellten Sprungschen Niederschlagswage entnommen[1]). Bei diesem Apparat wird das Gewicht des Niederschlags mit Hilfe einer Wage bestimmt, deren Laufgewicht automatisch den Wagebalken im Gleichgewicht erhält. Der Stand des Laufgewichts wird in der Kurve aufgezeichnet. Die Verschiebung des Laufgewichts wird durch eine Uhr besorgt, welche nur eine gewisse Höchstgeschwindigkeit des Laufrades leisten kann. Daher gehen sehr intensive Regenfälle der Messung verloren, weil letzteres der Gewichtsänderung des Auffanggefäßes nicht zu folgen vermag. In solchen Fällen ist die Niederschlagsmenge dem registrierenden Regenmesser nach Hellmann entnommen worden. Beide Apparate sind nicht empfindlich genug, um die in 2 Minuten gefallene Niederschlagsmenge angeben zu können, wie es für den vorliegenden Zweck verlangt werden müßte. Ihre Angaben haben daher nur zur Bildung von Mittelwerten der Ladung pro Volumeinheit über längere Zeiträume hinweg benutzt werden können. Im Laufe des Jahres 1911 wurde am Auffanggefäß der Elektrizitätsregistrierung selbst eine Einrichtung angebracht, welche die im Registrierintervall des Benndorfelektrometers gefallene Niederschlagsmenge zu messen gestattet und so eine unmittelbare Beziehung zwischen Menge und Ladung sowohl räumlich wie zeitlich herstellt.

Geänderte Versuchsanordnung.

Registrierung der Niederschlagsintensität. Bei der Registrierung der Niederschlagsintensität wurde die Gallenkampsche Methode angewendet, welche die Zeit mißt, innerhalb der konstante kleine Niederschlagsmengen, nämlich Tropfen von konstanter Größe, fallen[2]). In Figur 3 ist die geänderte Versuchsanordnung schematisch gezeichnet, A ist das Auffanggefäß in seiner neuen Form. Da die gesamte 707 qcm betragende Auffangfläche zuviel Regen aufnehmen und eine zu schnelle Folge der Tropfen geben würde, so ist ein kleines Auffanggefäß a im Mittelpunkt des großen abgegrenzt worden, dessen wirksame Fläche nur 92,9 qcm beträgt. Die hier gemessenen Mengen sind dann auf die große Auffangfläche reduziert worden, wobei allerdings die Annahme gemacht worden ist, daß pro Flächeneinheit im kleinen Gefäß wie in dem ringförmigen Raum außerhalb dieselbe Menge Niederschlag fällt. Wenn auch diese Annahme bei geneigtem Einfall der Niederschläge kaum mit aller Strenge zulässig ist, so kommt es doch für den vorliegenden Zweck weniger auf die absoluten Werte der Niederschlagsintensität als auf ihre zeitliche Änderung an. Außerdem ist durch die Anordnung der Blenden für einen ziemlich senkrechten Einfall gesorgt.

Die untere Fläche des kleinen Auffanggefäßes a ist trichterförmig ausgebildet und mündet in das Abtropfrohr r, mit dem die Tropfenfolge gezählt wird. Die Methode setzt genau gleiche Tropfen voraus, es muß daher dafür gesorgt werden, daß die Ausbildung der Tropfen an der Mündung von r unter immer gleichbleibenden Umständen und nicht gestört durch

---

[1]) Sprung, Erg. der Meteorolog. Beob. in Potsdam im Jahre 1908, p. V—XIV.
[2]) Gallenkamp, Met. Z. S. 22, p. 1—10, 1905; Z. S. f. Instrk. XXVIII., p. 33, 1908; Sprung, Z. S. f. Instrk. XXVII, p. 340, 1907.

Wind und etwaigen stürmischen Einfall in a stattfinden kann. Das Glasrohr r ist daher zweimal u-förmig gebogen und zur Vergrößerung der Reibung mit kleinen Steinen angefüllt. Damit durch die abfallenden Tropfen keine Elektrizität abgeführt werden kann, ist die Abtropfstelle vollkommen von dem Blechzylinder c umgeben, der, mit dem Auffanggefäß metallisch verbunden, stets auf demselben Potential wie dieses gehalten wird.

Das Zählen der Tropfen geschieht auf elektrischem Wege dadurch, daß die Tropfen beim Fallen einen elektrischen Kontakt schließen. Der Kontaktapparat ist in G gezeichnet. Eine Messingfeder m ist mit dem einen Ende an einem Hartgummiklotz horizontal befestigt, am andern freien Ende trägt sie eine Aluminiumschaufel, auf welche der von r abfallende Tropfen auftrifft und dann auf der etwa unter 45^0 geneigten Schaufel nach unten in eine Sammelkanne abgleitet. Die Fallhöhe ist so bemessen, daß eine genügende Durchbiegung der Feder erreicht wird, andererseits ein nennenswertes Zerspritzen des Tropfens beim Aufprall nicht stattfindet, was außerdem durch die hohen Ränder der Schaufel verhindert wird. Beim Durchbiegen der mit dem einen Pol der Stromquelle L verbundenen Feder m berührt ein angelötetes Platinblech die mit einer Platinspitze versehene Kontaktschraube K_1, die an dem anderen Pol von L liegt, und schließt so den Stromkreis des Elektromagneten e_3 eines kleinen Chronographen. Durch das Abgleiten des Tropfens auf der Schaufel wird eine genügend lange Dauer des Kontaktes gewährleistet. Sobald die Feder vom dem Tropfen freigegeben wird, würde sie Schwingungen um ihre horizontale Lage ausführen, wenn nicht die Anschlagschraube h sich gegen sie legte und sie sofort zur Ruhe brächte, worauf sie zur Aufnahme eines neuen Tropfens bereit ist. Mit Hilfe der Schraube K_2 kann die Feder mit größerem oder geringerem Druck gegen die Anschlagschraube gelegt werden, und so die Empfindlichkeit und Dämpfung beliebig geändert werden. Der ganze Kontaktapparat G ist an einem Stativ in der Höhe und seitlich verstellbar angebracht, sodaß die Schaufel genau unter die fallenden Tropfen gebracht werden kann. Nach einigen Versuchen ist jetzt eine halbzylinderförmige Form der Schaufel gefunden worden, bei welcher ein Verspritzen von Tröpfchen fast gänzlich vermieden ist; vielmehr rollen die Tropfen als zusammenhängende Wassermasse in eine untergestellte Sammelflasche hinein, welche eine Kontrolle der gemessenen Niederschlagsmenge ermöglicht. Zuerst war an Stelle des Platinkontaktes ein Quecksilbernapf vorhanden, welchen auch Gallenkamp verwendet, jedoch findet infolge der fortwährenden Funkenbildung eine starke Verbrennung des Quecksilbers statt, wobei schließlich die Kontaktstelle dauernd überbrückt wird. Der jetzt angebrachte Platinkontakt hat sich dagegen selbst bei starken und langdauernden Niederschlägen gut bewährt, da das federnd auf die Kontaktschraube sich auflegende Platinblech eine schnelle und sichere Unterbrechung des Stromes bewirkt.

Zur Zeitmessung dient ein kleiner Fueßcher Chronograph Ch. Der obere Magnet e_4 wird in gleichmäßigen Intervallen von 2 Minuten vom Strome durchflossen, denn er ist in den Stromkreis des Druckmagneten e_1 des Benndorfelektrometers mit eingeschaltet. Infolgedessen wird jedesmal, wenn eine Aufzeichnung der Spannung des Elektrometers geschieht, auch eine Zeitmarke am Chronographen des Tropfenregenmessers geschrieben. Es gelingt so leicht, die in 2 Minuten aufgefangene Elektrizitätsmenge mit der in derselben Zeit und von demselben Auffanggefäß erhaltenen Niederschlagsmenge in Beziehung zu setzen.

Ableitung des Systems zur Erde. Die Ableitung der in dem Intervall von 2 Minuten aufgefangenen Elektrizitätsmenge zur Erde geschieht in der ursprünglichen Versuchsanordnung durch den Zeiger des Elektrometers in dem Augenblicke, wo er durch den Elektromagneten e_1 auf das Papier heruntergedrückt wird. Zu diesem Zwecke muß der Nadelladung Zutritt zu dem Zeiger verschafft werden. Leider ist hierbei der Übelstand in Kauf zu nehmen, daß sich störende Richtkräfte zwischen dem geerdeten Gehäuse des Elektrometers und dem Zeiger umsomehr bemerkbar machen, als sie an einem langen Hebelarm angreifen.

Weiterhin geschieht die Umschaltung von großem Hilfspotential auf geringeres hierbei vorzeitig, weil bei großen Ausschlägen der Zeiger die Skala ganz verläßt und die Sprungsche Wippe in Tätigkeit setzt, welche die kleinere Hilfsbatterie einschaltet.

Aus diesen Gründen wurde eine andere Art und Weise der Ableitung des Systems zur Erde gewählt, nämlich durch einen besonderen Kontaktbügel, welcher, durch einen Elektromagneten e_2 (Fig. 3) betätigt, sich gegen das Auffanggefäß legt und es hierdurch entlädt. Für gewöhnlich hat der längere linke Hebelarm das Übergewicht, läßt also zwischen sich und dem

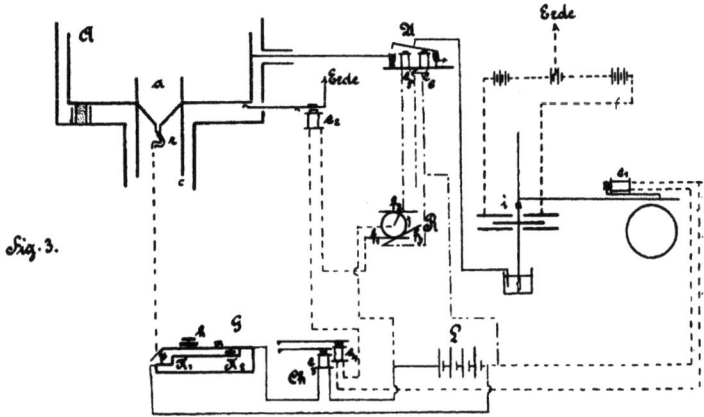

Auffanggefäß eine isolierende Luftschicht; wird dagegen der auf dem rechten Hebelarm sitzende Anker von e_2 angezogen, so wird der Bügel gegen das Gefäß gedrückt und stellt Verbindung mit der Erde her. Der Elektromagnet e_2 ist in denselben Stromkreis wie e_4 und e_1 geschaltet.

In den Nadelträger ist oberhalb der Nadel ein Bernsteinisolator i eingesetzt, sodaß Suspension und Zeiger von der Nadel isoliert und zur Erde abgeleitet bleiben. Die Zuleitung zur Nadel geschieht über die Schwefelsäure der Dämpfung hinweg.

Beseitigung des Rückstandes. Nachdem der Apparat in der früheren Versuchsanordnung in Betrieb genommen war, stellte sich alsbald heraus, daß die Ableitung der auf dem System Auffanggefäß + Elektrometer befindlichen Elektrizitätsmengen zur Erde keine vollständige war, vielmehr blieb ein gewisser Prozentsatz nach Betätigung des Druckmagneten zurück, der das folgende Meßintervall fälschte. Einerseits ist hieran der Umstand schuld, daß die Nadel im Zustande des Ausschlages eine Vergrößerung ihrer scheinbaren Kapazität erleidet, da sie beim Drucken eines Punktes schief gestellt und dadurch der Schachtel genähert wird. Dies läßt sich dadurch zeigen, daß man die Nadel bei ungeladenem Elektrometer mechanisch aus der Ruhelage entfernt und festhält, bis der Zeiger auf das Papier gedrückt und damit geerdet wird.[1]) Sie kehrt darauf nicht mehr vollkommen in die Ruhelage zurück, da sie während der Erdung Ladungen aufgenommen hat, die von dem Quadrantenpaar influenziert worden sind, dem sie im Ausschlage die größere Fläche darbietet. Der Fehler wird um so größer, je höher die an den Quadranten liegenden Hilfspotentiale sind. Werden die Quadranten während der Ableitung des Systems ebenfalls geerdet, so bleibt die Wirkung aus.

Zur Vermeidung des Übelstandes wird neuerdings das Elektrometer noch während der Erdung des Gesamtsystems vom Auffanggefäß ganz abgeschaltet und solange zur Erde abgeleitet, bis die Nadel vollkommen zur Ruhe gekommen ist. Erst dann, nach Verlauf einer Minute, wird die Verbindung mit dem Auffanggefäß wiederhergestellt. Die Nadel stellt sich auf einen gewissen Ausschlag ein, wozu sie wiederum eine Minute Zeit hat, bis nach Verlauf von im Ganzen 2 Minuten dieser Ausschlag fixiert wird.

In Figur 3 bedeutet U eine einpolige, von zwei Elektromagneten e_5, e_6 in Bewegung gesetzte Wippe, mit der die vorher geschilderten Schaltungen erreicht werden. Sie besteht aus einem um seinen Mittelpunkt drehbaren gleicharmigen Wagebalken, dessen Schwerpunkt über dem Unterstützungspunkt liegt. Seine nach unten gebogenen Enden tauchen entweder rechts oder links, aber niemals gleichzeitig auf beiden Seiten, in Quecksilbernäpfe ein, von denen der linke, mit Bernstein isolierte, mit dem Auffanggefäß in Verbindung steht, während der rechte zur Erde abgeleitet ist. Eine leitende Verbindung zwischen den beiden Näpfen kann durch den Wagebalken niemals hergestellt werden. Dieser selbst ist mit der Nadel des Elektrometers verbunden. Bei der in der Figur 3 gezeichneten Lage des Wagebalkens ist das Elektrometer geerdet, das Auffanggefäß vom Elektrometer abgeschaltet und isoliert. Wird der linke Elektromagnet e_5 der Wippe vom Strom durchflossen, so zieht er einen am linken Wagearm angebrachten Anker an, der Wagebalken taucht in den linken Napf ein und bleibt auch in dieser Stellung liegen, bis ihm von dem rechten Elektromagneten eine Drehung im entgegengesetzten Sinne verliehen wird.

Die Umsteuerung der Wippe geschieht durch das Kontakträdchen R, welches, wie oben beschrieben, die Schaltung des Druckmagneten e_1 mit Hilfe des Schleifdrahtes f_1 besorgt. Zu diesem Zwecke sind noch zwei weitere Schleiffedern f_2 und f_3 aufgesetzt worden; sie schließen die Stromkreise der Magnete e_5 und e_6 der Wippe U. f_3 ist gleich hinter f_1 angeordnet, so daß der Stromschluß, welcher die Abschaltung des Elektrometers vom Auffanggefäß und Erdung des Elektrometers bewirkt, gleich hinter dem Einschalten des Druckmagneten e_1 und noch während die Nadel in ihrer Lage durch diesen Elektromagneten festgehalten wird, erfolgt. Die Schleiffeder f_2 steht f_1 gegenüber, sie schließt den Stromkreis von e_5, welcher die Wippe nach links herüberwirft und so die Verbindung von Auffanggefäß und Elektrometer wiederherstellt.

Es mögen die verschiedenen durch das Kontakträdchen R besorgten Schaltungen noch einmal aufgezählt werden. In der durch die Figur wiedergegebenen Situation taucht der

---

[1]) Kähler a. a. O.

Wagebalken von U in den rechten Quecksilbernapf ein, das Elektrometer ist vom Auffanggefäß abgeschaltet und geerdet. Das Kontakträdchen dreht sich nach links herum, bis der eingelegte Platinradius die Schleiffeder f_2 berührt. Hierdurch wird der linke Elektromagnet e_5 der Wippe U eine kurze Zeit eingeschaltet, der Wagebalken schwingt nach links herüber, die Erdung des Elektrometers ist aufgehoben und das Auffanggefäß mit dem Elektrometer verbunden. Das inzwischen isoliert gewesene Auffanggefäß hat etwa gefallene Niederschläge aufgenommen, seine Ladung verteilt sich jetzt auf das Gesamtsystem Auffanggefäß + Elektrometer, die Nadel schlägt aus und hat Zeit zur Ruhe zu kommen, bis die Schleiffeder f_1 erreicht ist. In diesem Augenblick durchläuft der Strom hintereinander die Magnete e_1, e_2, e_4 wodurch

1. von e_1 der Zeiger auf das Papier heruntergedrückt und der Ausschlag der Nadel fixiert,
2. von e_2 die Erdung des Gesamtsystems Auffanggefäß + Elektrometer herbeigeführt,
3. von e_4 eine Zeitmarke am Chronographen geschrieben wird.

Gleich nach Eintritt des Stromschlusses über f_1 und noch während der Dauer desselben wird auch die Leitung über f_3 nach dem Elektromagneten e_6 hergestellt, wodurch die Wippe U nach rechts umgesteuert, die Verbindung vom Auffanggefäß zum Elektrometer unterbrochen und das Elektrometer geerdet wird. Hiermit ist eine ganze Umdrehung des Kontakträdchens vollendet und der Kreislauf beginnt von neuem. Wie man sieht, ist dafür Sorge getragen, daß während der ganzen 2 Minuten dauernden Umdrehung des Kontakträdchens das Auffanggefäß befähigt ist Ladungen aufzunehmen, ausgenommen die kurze Zeit, während der die Schleiffeder f_1 in leitender Verbindung mit der Achse steht, und das ganze System zur Erde abgeleitet wird.

Nach Anbringung der Wippe U zeigte sich noch immer eine geringe Restladung. Als Ursache wurde der ungenügende elektrostatische Schutz des Auffanggefäßes nach innen gefunden. Es wurde daher das ganze Auffanggefäß in einen geerdeten Blechmantel eingeschlossen, ebenso wurden sämtliche Zuleitungen zur Wippe U und zum Elektrometer in geerdete Röhren verlegt. Seitdem findet vollständiges Entladen des Systems statt und die Messung des folgenden Intervalls wird durch Restladung aus dem vorhergehenden nicht mehr gefälscht.

Die Wippe und alle übrigen Abänderungen wurden vom Mechaniker des Observatoriums, Herrn Kleinert sachgemäß ausgeführt.

Aichung des Apparats und Berechnung der Aufzeichnungen.

Die Voltempfindlichkeit des Elektrometers wurde früher mit Hilfe eines geaichten Saitenelektrometers, neuerdings direkt mit einer Akkumulatorenbatterie und einem Voltmeter nach dem Drehspulsystem bestimmt und häufig kontrolliert. Sie war bei ein und demselben Hilfspotential gut konstant und betrug

bei einem Hilfspotential von

    600 Volt . . . . . . 1 mm = 0,5 Volt
    400 „ . . . . . . 1 „ = 0,8 „
    200 „ . . . . . . 1 „ = 1,5 „

Die Hilfspotentiale 600 und 400 Volt wurden abwechselnd für die Schaltung „empfindlich" benutzt, während 200 Volt für „unempfindlich" automatisch eingeschaltet wurden. (400 Volt vom 1. Januar 1909 bis 14. April 1909, dann 600 Volt bis zum 15. August 1910, dann 400 Volt.)

Die Kapazität des Gesamtsystems wurde mit Hilfe eines Gerdienschen Kondensators bestimmt und für die alte Versuchsanordnung zu 110 cm gefunden. Infolge des Einbaus des Auffanggefäßes in eine geerdete Schutzhülle ist die Kapazität jetzt bedeutend größer, nämlich 210 cm geworden. Die Abhängigkeit der Kapazität von dem an den Quadranten liegenden Hilfspotential ist gering und nicht berücksichtigt worden, ebenso nicht eine Zunahme der scheinbaren Kapazität mit zunehmendem Ausschlage der Nadel.[1]

Die Aichung des Tropfenregenmessers wurde in der Weise vorgenommen, daß ein gemessenes Volumen Wasser langsam in den Auffangtrichter eingeführt und die Anzahl der resultierenden Tropfen mit Hilfe des Chronographen abgezählt wurde. Als mittlere Tropfengröße ergab sich 0,11 ccm.

Die Auswertung und Berechnung der elektrischen Registrierungen geschah in der Weise, daß jeder vom Elektrometer registrierte Punkt seinem Abstande von der Nulllinie nach ausgemessen und die ihm entsprechende Spannung in Volt in den Tabellen angegeben wurde. Bei den mit einer Restladung behafteten Registrierungen wurde eine entsprechende Korrektion angebracht.

Durch Multiplikation mit dem Faktor

$$\frac{c}{300 \cdot r^2 \pi},$$

wo c die Kapazität des Gesamtsystems, r der Radius des Auffanggefäßes ist, erhält man die pro Flächeneinheit aufgefangene Elektrizitätsmenge in elektrostatischen Einheiten. Da diese Elektrizitätsmenge in 120 Sekunden erhalten wird, so findet man die Stromstärke in Ampere durch Multiplikation der letzten Zahlen mit dem Faktor

$$\frac{1}{120 \cdot 3 \cdot 10^9} = \frac{10^{-11}}{3.6}.$$

Ferner wurden noch die Ladungen pro Volumeinheit Wasser berechnet und in die dritte Spalte der Tabellen eingetragen. Mit Hilfe des Tropfenregenmessers ließ sich für jedes einzelne Intervall von 2 Minuten, den das Benndorfelektrometer registrierte, die zugehörige Niederschlagsmenge ermitteln. Durch Division der in dieser Zeit aufgenommenen Elektrizitätsmenge durch die aufgefangene Niederschlagsmenge erhielt man die mittlere Ladung eines Kubikzentimeters Wasser während dieser zwei Minuten. Bei der ursprünglichen Versuchsanordnung konnten nur Mittelwerte über bedeutend größere Zeiträume berechnet werden. Es wurden hier Zeitintervalle mit möglichst konstanter Intensität des Regenfalls herausgesucht, wobei außerdem darauf gesehen wurde, daß ein Vorzeichenwechsel der Niederschlagselektrizität während des Intervalls nicht stattfand.

[1] Bei der neuerdings mit Hilfe des Harmsschen Aichkondensators durchgeführten Aichung des Elektrometers für Elektrizitätsmengen hat sich gute Proportionalität der Skala herausgestellt.

Fehlerquellen.

Von den Fehlerquellen, denen die Messung der Eigenelektrizität der Niederschläge unterworfen ist, entstehen die größten und am wenigsten der Kontrolle unterworfenen bereits beim Auffangen der Niederschläge.

Zunächst muß das Auffanggefäß vor den Influenzwirkungen des elektrischen Feldes der Erde geschützt sein, wenn man seine elektrischen Ladungen den hineinfallenden Regentropfen allein zuschreiben will. Gerade bei den außerordentlich starken und veränderlichen Feldern, die während des Falls von Niederschlägen auftreten, ist dies besonders nötig. Da man aber das Gefäß oben unbedeckt lassen muß, wird sich ein vollkommener elektrostatischer Schutz schwer herstellen lassen. Bei der Potsdamer Anordnung ist das Auffanggefäß durch den Drahtkäfig K und die beiden Blenden Bl_1 und Bl_2 geschützt. Auflading durch Influenzwirkung des Erdfeldes scheint so vermieden zu sein, denn in Fällen, wo starke Störungen des Potentialgefälles vorkommen, ohne daß Niederschläge fallen, bleibt die Ruhelage des Elektrometers konstant.

Leider sind diese Schutzmaßregeln selbst eine Veranlassung zu einer weiteren Fehlerquelle: es können aufprallende Tropfen an ihnen zerspritzen und die abgeschleuderten Teilchen können Ladungen in das Auffanggefäß transportieren. Besonders gefährlich ist dabei wohl der Drahtkäfig, während an den konischen Blenden kaum ein Abspritzen in das Gefäß hinein, sondern vielmehr Reflexion nach außen stattfinden kann, abgesehen davon, daß in ihrer Umgebung das Feld ziemlich beseitigt ist. Da in dem Drahtkäfig die der Luftelektrizität entgegengesetzte Elektrizität influenziert wird, so müßten von ihm abgeschleuderte Tröpfchen das Gefäß in einem dem Vorzeichen des Potentialgefälles entgegengesetzten Sinne aufladen. Wie schon bemerkt, könnte eine Auflading durch Tropfen, die den oberen Rand des Drahtnetzes gestreift haben, nur bei Niederschlägen erfolgen, die unter einem Neigungswinkel von mehr als 30^0 gegen die Vertikale einfallen, aber diese Tropfen gelangen überhaupt nicht mehr in das Auffanggefäß, sondern werden von der Blende Bl_2 abgefangen. Da das luftelektrische Haus an einer gegen Wind sehr gut geschützten Stelle steht, ist der Neigungswinkel meist viel kleiner. Die Erfahrung lehrt auch, daß sehr häufig das Vorzeichen der Eigenelektrizität und das des Potentialgefälles übereinstimmen, der Fehler also wohl ohne größeren Einfluß auf die Messungen bleibt.

Auflading im entgegengesetzten Sinne, also mit einem dem Potentialgefälle gleichen Vorzeichen könnte eintreten, wenn das Auffanggefäß nicht vollständig gegen das Erdfeld geschützt wäre und an ihm selbst Abspritzen von Tropfen stattfände. An der Außenfläche ist ein solches Abspritzen wegen der unteren Blende nicht möglich. Daß beim Aufprallen an der Innenfläche Tröpfchen herausgeworfen werden, ist wegen der Tiefe des Gefäßes kaum anzunehmen.

Eine Auflading des Gefäßes durch den Wasserfalleffekt[1]) ist ebenfalls wegen der Tiefe des Gefäßes kaum zu befürchten. Beim Zerspritzen der Wassertropfen auf dem Boden der Schale tritt eine Scheidung von Elektrizitäten in der Weise ein, daß das Wasser selbst positive Ladungen erhält, die umgebende Luft dagegen die entsprechenden negativen. Eine nennenswerte Auflading der Schale kann nur dann eintreten, wenn eine gute Trennung von Wasser und Luft bewirkt wird, hierzu sind aber im vorliegenden Falle die Verhältnisse sehr ungünstig,

---

[1]) Lenard, Wied. Ann. 46. p. 584, 1892.

weil das Auffanggefäß gegen Wind gut geschützt ist. Dadurch, daß bei der jetzigen Versuchsanordnung eine Zweiteilung des Auffanggefäßes stattgefunden hat, ist eine Entmischung beider noch wesentlich erschwert worden.

Zu diesen beim Auffangen der Niederschläge möglichen Fehlerquellen kommen noch Ungenauigkeiten bei der Messung der dem Auffanggefäß mitgeteilten Ladungen. Infolge der großen Schwingungsdauer der Nadel könnte es vorkommen, daß bei sehr schneller Aufladung des Gefäßes bereits das Drucken eines Punktes vorgenommen wird, wenn die Nadel noch nicht zur Ruhe gekommen ist. Jedoch sind derartige Fälle sehr selten, wie Augenbeobachtungen gezeigt haben, und wenn sie eintreten, geht die Nadel doch über den Rand der Skala hinaus und die betreffende Registrierung geht verloren.

Die Empfindlichkeit des Benndorfelektrometers ist für den vorliegenden Zweck eigentlich nicht ausreichend, obwohl der Horizontalabstand der beiden Fäden so klein wie möglich gewählt worden ist. Infolgedessen hat man zu abnorm hohen Hilfspotentialen greifen müssen, was die Nulllage der Nadel nicht gerade günstig beeinflußt. Da die Batterie, welche das Hilfspotential liefert, in der Mitte geerdet sein muß, ist ein Schwanken der Spannung der beiden Batteriehälften bei der großen Anzahl der verwendeten Zellen leicht möglich, besonders in dem stark geheizten Wellblechhaus, wo große Temperaturschwankungen häufig sind.

Die Isolation sowohl des Auffanggefäßes wie des Elektrometers wurde regelmäßig geprüft und meist als sehr gut befunden. Störungen wurden in vereinzelten Fällen durch Insekten verursacht. Registrierungen, bei denen die Isolation nicht einwandfrei erschien, sind unberücksichtigt geblieben.

Infolge der natürlichen Ionisation der Luft wird dem Auffanggefäß beständig Ladung entzogen. Dieser Ladungsverlust ist öfters gemessen worden, ist aber für den kurzen Zeitraum von 2 Minuten, während dessen Ladung zerstreut wird, so gering, daß er vernachlässigt werden konnte. Meist geht die Nadel nur um Bruchteile eines Millimeters zurück. Da es sich im Folgenden meist um das Verhältnis der beiden Vorzeichen der Niederschlagselektrizität handelt, kommt diese Fehlerquelle auch wenig in Betracht.

Bei der Messung der Regenmenge mit dem Tropfenregenmesser war die im Wellblechhause herrschende hohe Temperatur störend, da das im u-förmigen Abtropfrohr enthaltene Wasser sehr schnell verdunstete. Beim Anfange eines Regens mußte diese Wassermasse immer erst ersetzt werden, ehe das Abtropfen begann. Durch häufiges künstliches Nachfüllen konnte der Übelstand zwar vermindert, aber doch nicht gänzlich beseitigt werden, so daß der Regenanfang manchmal verspätet in den Registrierungen wiedergegeben ist.

Die Voraussetzung des konstanten Tropfengewichts ist nicht genau erfüllt, vielmehr ist eine Abhängigkeit von der Schnelligkeit des Abtropfens vorhanden, und zwar wird mit zunehmender Tropfenzahl das Tropfengewicht größer. Der Fehler wird jedoch erst bei sehr starken Regenfällen erheblich[1]).

Bei sehr großen Intensitäten folgen die Tropfen so schnell aufeinander, daß die Marken am Chronographen zusammenlaufen und nicht ausgezählt werden können. Dies tritt bei etwa 25 Tropfen oder 0,3 mm Regenhöhe in der Minute ein.

---
[1]) Innerhalb des hier benutzten Meßbereichs übersteigt er nicht 5%, bleibt also innerhalb der Fehlergrenzen der elektrischen Registrierung.

Ergebnisse.

Gesamtübersicht.

Die Registrierungen der Niederschlagselektrizität, welche der vorliegenden Untersuchung zugrunde liegen, umfassen den Zeitraum voller 3 Jahre, vom 1. Januar 1909 bis zum 31. Dezember 1911. Die gesamte Regenhöhe während dieser Zeit betrug 171,9 cm. Das Benndorfelektrometer lieferte 12 227 einzelne ausmeßbare Registrierpunkte, von denen 8369 positive und 3858 negative Elektrizität angaben. Die Dauer der positiven Ladungen ist also 2,2 mal länger als die der negativen.

Die gesamte während der 3 Jahre von den Niederschlägen heruntergebrachte positive Elektrizitätsmenge beträgt auf einen Quadratzentimeter Oberfläche berechnet 17,10 elektrostatische Einheiten, die negative 12,17 Einheiten, das Verhältnis beider ist also nur 1,4. Hierbei ist zu bemerken, daß nur diejenigen Ausschläge für die Berechnung dieser Zahlen benutzt worden sind, welche innerhalb des Meßbereichs geblieben sind, wodurch das Resultat zu ungunsten der negativen Ladungen verschoben wird. Wie später gezeigt werden wird, sind unter den Ausschlägen, die über die Grenze der Skala hinausgingen, mehr negative als positive.

Betrachtet man die einzelnen Jahre, so findet man, daß das Verhältnis der Elektrizitätsmengen ziemlich konstant ist, während das Verhältnis ihrer Dauer etwas größeren Schwankungen unterworfen zu sein scheint:

Jahr	Elektr. Menge $\left(\frac{\text{Einh.}}{\text{qcm.}}\right)$		Verh.	Dauer (Stunden)		Verh.
	+	−	+/−	+	−	+/−
1909	5,88	3,86	1.5	103,6	55,6	1,9
1910	5,11	3,72	1,4	96,1	46,1	2,1
1911	6,11	4,59	1,3	79,3	26,9	2,9

Der in Potsdam gefundene positive Überschuß — wenn man überhaupt von einem solchen reden darf — ist weit geringer als der, welchen Simpson in Indien beobachtet hat. Simpson findet während der Monate April—September 1908 22,3 positive und 7,6 negative Einheiten, also 2,9 mal mehr positive Elektrizität als negative. Dagegen ist die Dauer der Ladungen in positiver Richtung nur 2,4 mal länger. Die gesamte Regenhöhe beträgt 78,3 cm. Im Jahre 1909 registriert Simpson bei einer Regenhöhe von 95,8 cm 21,7 positive und 6,2 negative Einheiten, als Verhältnis also sogar 3,2. Als Verhältnis der Dauer ergibt sich wiederum eine kleinere Zahl, nämlich 2,6.

Betrachtet man allein die Niederschlagsmenge, durch die meßbare elektrische Ladungen heruntergebracht werden, so ergibt sich als deren Höhe in Potsdam 76,9 cm. Ein beträchtlicher Prozentsatz, nämlich 55 Prozent, ist nicht merklich elektrisch. Die gesamte Niederschlagsdauer während der betrachteten Zeit beträgt 2017 Stunden, dagegen wurden meßbare Ladungen nur während 403 Stunden aufgezeichnet, also nur während 20 Prozent der gesamten Dauer. Natürlich geben diese Zahlen nur einen gewissen Anhalt, denn bei ihrer Berechnung ist dauerndes tadelloses Funktionieren des Registrierapparats mit konstanter Empfindlichkeit vorausgesetzt, Bedingungen die nicht vollkommen erfüllt sein können.

Als mittlere für den ganzen Zeitraum aus der Menge des elektrischen Niederschlags berechnete Ladung der Volumeinheit Wasser ergibt sich die Zahl $0{,}38 \frac{\text{el. stat. Einh.}}{\text{ccm}}$, aus der gesamten Niederschlagsmenge berechnet sich $0{,}17 \frac{\text{el. stat. Einh.}}{\text{ccm}}$. Simpson findet in Indien im Jahre 1908 : 0,38, 1909 : 0,29 $\frac{\text{el. stat. Einh.}}{\text{ccm}}$ aus der gesamten Niederschlagsmenge.

Jahreszeitliche Verteilung.

Betrachtet man die Elektrizitätsmengen, welche während der einzelnen Monate dem Erdboden zugeführt werden (Tabelle I), so fällt auf, daß das Verhältnis der beiden Vorzeichen in den Jahreszeiten nicht konstant bleibt, vielmehr ist der positive Überschuß im Frühling und Sommer am geringsten, in manchen Monaten findet sogar ein bedeutendes Überwiegen des negativen Vorzeichens statt, so im März und Mai 1909, März und Juli 1910, April, Juni und Juli 1911. In Tabelle II sind die Summen der Elektrizitätsmengen nach Jahreszeiten geordnet, wobei sich aus allen 3 Jahren Folgendes ergibt:

	Elektrizitätsmengen $\left(\frac{\text{El. stat. Einh.}}{\text{ccm}}\right)$		Summe
	+	−	
März—Mai	5,02	4,96	9.97
Juni—August	3,73	3,23	6.95
September—November	2,69	1,66	4,35
Dezember—Februar	5,65	2,33	7,98

oder mit anderen Worten: von der gesamten Elektrizitätsmenge sind

	im Frühling	Sommer	Herbst	Winter
positiv	50,3	53,7	61,8	70,8
negativ	49,7	46,4	38,2	29,2 Prozent.

Berücksichtigt man die Wirkung der sehr großen Elektrometerausschläge, die für die Messung verloren gegangen sind und daher in diesen Zahlen nicht zur Geltung kommen, so wird für den Frühling ein Überschuß des negativen Vorzeichens sichergestellt, während für den Sommer eine annähernde Kompensation beider Vorzeichen wahrscheinlich gemacht wird. Im Herbst ist ein deutlicher positiver Überschuß vorhanden, der seinen größten Wert im Winter erreicht, obwohl — wie später gezeigt werden wird — Schnee bedeutend mehr negative als positive Elektrizität zum Erdboden herunterbringt.

Ob der im Frühling vorhandene negative Überschuß ausreichend sein wird, dem positiven im Herbst und Winter die Wage zu halten, läßt sich auf Grund des vorhandenen Materials nicht entscheiden. Hierzu gehören noch längere Beobachtungsreihen und eine Registriermethode, welche die kleinsten sowohl wie die größten Stromstärken mit der gleichen Sicherheit zu messen gestattet: ein Ziel, welches sich vielleicht nur mit zwei verschiedenen Apparaten von verschiedener Empfindlichkeit erreichen läßt. Wenn man jedoch die außerordentlich großen Stromstärken betrachtet, welche bei Gewittern und Böenregen und nicht zuletzt bei Schnee während kurzer Zeiträume auftreten — es werden zuweilen mehr als 0,05 elektrostatische Einheiten während 2 Minuten dem Auffanggefäß zugeführt — und wenn man fernerhin sieht, daß diese Mengen öfter mit negativem als mit positivem Vorzeichen versehen sind, so kann man sich der Überzeugung nicht verschließen, daß von einer Vorherrschaft eines der beiden Vorzeichen nicht die Rede sein kann. In der vorliegenden Beobachtungsreihe kommen insgesamt etwa 120 Fälle vor, in denen mehr als 0,05 elektrostatische Einheiten während 2 Minuten aufgefangen worden sind. Hiervon sind nicht weniger als 80 Fälle im negativen Sinne zu veranschlagen. Aus den oben (S. 22) gegebenen Zahlen ergab sich ein positiver Überschuß von 5 elektrostatischen Einheiten, welcher kompensiert wäre, wenn man für die erwähnte Mehrzahl von 40 negativen Ausschlägen einen mittleren Wert von 0,1 Einheiten annähme; was durchaus wahrscheinlich ist. Es wird also nicht angehen, aus den Potsdamer Registrierungen zugunsten irgend einer Gewittertheorie das Übergewicht eines Vorzeichens herleiten zu wollen. Vielmehr ist zu vermuten, daß die Resultierende der in beiden Richtungen fließenden Vertikalströme gleich Null ist.

Dauer der Ladungen. Dagegen ist die Dauer, während der die beiden Vorzeichen in Tätigkeit sind, entschieden nicht gleich. Die positiven Ladungen sind verhältnismäßig klein, aber von sehr langer Dauer, während die negativen Ladungen sehr heftig aber vorübergehend auftreten. Dies gilt für alle Jahreszeiten. Für die 3 vorliegenden Beobachtungsjahre erhält nan als Dauer des mit meßbarer Elektrizität behafteten Niederschlags in Stunden:

	im Frühling	Sommer	Herbst	Winter	Summe
+	60,3	43,8	56,6	118,4	279,1
−	39,4	26,7	27,5	35,2	128,8,

oder, wenn man den Anteil der beiden Vorzeichen in Prozenten der Gesamtdauer ausdrückt:

	Frühling	Sommer	Herbst	Winter	Mittel
+	60,5	62,1	67,3	77,1	68,4
−	39,5	37,9	32,7	22,9	31,6.

Diese Zahlen zeigen denselben jährlichen Gang wie die entsprechenden Zahlen für die Elektrizitätsmengen (S. 23): eine allmähliche Zunahme der positiven Ladungsdauer bis zum Winter hin.

Größe der elektrischen Tätigkeit der Niederschläge in den einzelnen Jahreszeiten. Aus den in den einzelnen Jahreszeiten auftretenden Elektrizitätsmengen ersieht man, daß im Frühling die intensivste elektrische Tätigkeit durch die Niederschläge entfaltet wird, denn hier liegt das Maximum mit 10 elektrostatischen Einheiten. Im Sommer sind nur 7 Einheiten zu verzeichnen, das Minimum hat der Herbst mit 4 Einheiten. Dagegen steigt der Effekt im Winter wegen der starken Elektrisierbarkeit von Schnee wieder bedeutend an, nämlich auf 8 Einheiten.

Berechnet man die Menge des elektrisch geladenen Niederschlags in Prozenten der gesamten während der betreffenden Jahreszeit erhaltenen Niederschlagsmenge, so erhält man ungefähr dasselbe Bild. Es sind nämlich elektrisch im:

Frühling	Sommer	Herbst	Winter	Jahr
47	46	38	47	45

Prozent der gesamten Niederschlagsmenge.

Denselben jährlichen Gang zeigt die Dauer des nachweisbar elektrischen Niederschlags. In Tabelle III ist die gesamte Niederschlagsdauer, sowie die Dauer der elektrischen Ladungen für die untersuchten drei Jahre in Stunden angegeben. Berechnet man nun die Dauer des elektrischen Niederschlags in Prozenten der Gesamtdauer, so ergeben sich im

Frühling	Sommer	Herbst	Winter	Jahr
24,1	19,6	15,0	21,4	20,0 Prozent.

Eine genauere Berechnung der mittleren Ladung pro Volumeinheit Wasser für die verschiedenen Jahreszeiten scheitert wieder daran, daß die großen Ausschläge verloren gegangen sind. Berücksichtigt man nur die meßbaren Ausschläge, so erhält man für die einzelnen Jahre die in Tabelle III angegebenen Zahlen, sie sind natürlich in Wirklichkeit größer und können nur zur vorläufigen Darstellung des jährlichen Ganges dienen, zeigen aber ungefähr denselben Verlauf wie die vorigen. Die Zahlen für den Herbst sind verhältnismäßig zu groß, weil in dieser Jahreszeit nur wenige große Ausschläge verloren gegangen sind. Berücksichtigt man diesen Umstand, so hebt sich das Minimum im Herbst noch deutlicher heraus. Wird die mittlere Ladung eines Kubikzentimeters allein aus der Menge des Niederschlags berechnet, der am Elektrometer meßbare Ausschläge hervorrief, so erhält man im

Frühling	Sommer	Herbst	Winter	Jahr
0,60	0,26	0,30	0,41	0,38 $\frac{\text{Einh.}}{\text{ccm}}$

Werden die Ladungen dagegen auf die gesamte Niederschlagsmenge bezogen, so ergibt sich im

Frühling	Sommer	Herbst	Winter	Jahr
0,28	0,12	0,11	0,19	0,17 $\frac{\text{Einh.}}{\text{ccm}}$

Aus diesen Zahlen, deren numerische Werte aus den angegebenen Gründen nur als vorläufige gelten können, wird man wohl schließen dürfen, daß die Elektrizitätsquelle, welche in den fallenden Niederschlägen in die Erscheinung tritt, in unserem Klima am ergiebigsten in den Frühlingsmonaten ist, während der Sommer bereits eine Abnahme zeigt und auf den Herbst das Minimum fällt. Daß im Winter wieder ein erhöhter Effekt zu verzeichnen ist, kann den starken Ladungen des Schnees zugeschrieben werden. Da nun aber gerade im Frühjahr ein Überschuß von negativen Ladungen vorhanden ist, wird man wohl Bedenken tragen müssen, die Simpsonsche Gewittertheorie, welche positive Niederschlagsladungen verlangt, auf die vorliegenden Messungen anzuwenden. Auch im Sommer ist ein größerer positiver Überschuß nicht wahrscheinlich, und somit trifft gerade auf die Periode der lebhaftesten Gewittertätigkeit die Vorbedingung der Theorie nicht zu.

Charakterisierung der Niederschlagsformen nach Stromstärke und Vorzeichen der Eigenelektrizität.

1. Regenfälle.

Um die einzelnen Niederschlagsformen ihrem elektrischen Verhalten nach zu untersuchen, habe ich versucht, sie durch die von ihnen erzeugten Stromdichten zu charakterisieren. Es wurden zunächst sämtliche Regenfälle ausgezählt. Regenfälle, die mit Schnee, Hagel oder Graupeln gemischt waren, wurden nicht berücksichtigt. In Tabelle IV sind die von reinen Regenfällen in den einzelnen Monaten bewirkten Ausschläge nach Stromstärken geordnet für die beiden Vorzeichen angegeben. Die Zahlen A bedeuten Stromstärken in Ampere $\times 10^{-15}$ pro Quadratzentimeter Oberfläche, die Zahlen B die Anzahl der in dem betreffenden Intervall vorkommenden Ausschläge, also die Häufigkeit der mittleren Stromstärke, welche für das Intervall angesetzt werden kann. Die Zahlen für die größeren Stromstärken sind zu klein, weil hier der geringe Meßbereich des Elektrometers öfter eine genaue Messung vereitelt hat. In solchen Fällen, wo also die Nadel bis an den Rand des Papiers gegangen und hier am Anschlag liegen geblieben ist, habe ich trotzdem den betreffenden Punkt ausgemessen und mit seiner entsprechenden Stromstärke in die Tabellen aufgenommen. Auch in der Tabelle IV sind diese Punkte rechnerisch berücksichtigt worden. Ob der hierdurch entstandene Fehler in den beiden Vorzeichen ungefähr gleichmäßig vorkommt oder nicht, läßt sich aus der Anzahl dieser verloren gegangenen Messungen, die bei den Häufigkeitszahlen noch einmal in Klammern angegeben ist, beurteilen. Natürlich konnte eine gewisse Willkür bei der Verteilung dieser unsicheren Einzelmessungen auf ein bestimmtes Stromstärkenintervall nicht vermieden werden. Ich haben daher die Stufen für die hohen Stromstärken sehr groß genommen, auch deswegen, weil die Anzahl der hierhergehörigen Messungen klein ist. Als zweckmäßig erweisen sich folgende 6 Stufen:

| 1—5 | 6—10 | 11—20 | 21—50 | 51—100 | >100 $\frac{Amp.}{qcm} \cdot 10^{-15}$. |

Für alle während der 3 Jahre beobachteten Regenfälle ergibt sich folgende Verteilung der Stromstärken:

	1—5	6—10	11—20	21—50	51—100	>100
	+9332	4438	4298	>10400	>9400	>4000
	—2062	1460	2963	>7900	>9600	>8900
Summe	11394	5898	7261	>18300	>19000	>12900 $\frac{Amp.}{qcm} \cdot 10^{-15}$.

Das positive Vorzeichen überwiegt in den kleineren Stromstärken ganz bedeutend, mit wachsender Stromstärke nimmt es jedoch immer mehr ab, und von $50 \cdot 10^{-15}$ Amp. an beginnt das negative Vorzeichen die Vorherrschaft zu erlangen. Als resultierende Stromstärken ergeben sich folgende:

1—5	6—10	11—20	21—50	51—100	>100
+ 7270	+2978	+1335	+2500	—200	—4900

Als Anteile der beiden Vorzeichen in Prozenten des Gesamtstroms berechnen sich die Zahlen

1—5	6—10	11—20	21—50	51—100	⟩100
+ 82	75	59	57	50	31
— 18	25	41	43	50	69 Prozent.

Die Vorherrschaft des negativen Vorzeichens im Intervall ⟩100 ist wahrscheinlich bedeutend größer, als durch diese Zahlen ausgedrückt wird, denn in diesem Intervall liegen 92 Ausschläge jenseits des Meßbereichs, von denen nur 28 positiv, dagegen 64, also mehr als die doppelte Anzahl, negativ sind.

Betrachtet man die Dauer der beiden Vorzeichen, so ergibt sich ein ähnliches Bild. Die Anzahl der registrierten Zweiminutenintervalle verteilt sich in folgender Weise auf die beiden Vorzeichen:

1—5	6—10	11—20	21—50	51—100	⟩100
+ 5074	608	303	318	124	35
— 988	191	201	240	136	79
+ 4086	+ 417	+ 102	+ 78	— 12	— 44 Ausschläge.

Die kleinen Stromstärken sind die bei weitem häufigsten, nicht weniger als 73 Prozent der Gesamtzahl werden von ihnen eingenommen.

Drückt man die Dauer der beiden Vorzeichen in Prozenten der Gesamtdauer aus, so erhält man ganz ähnliche Zahlen wie bei den Stromstärken:

1—5	6—10	11—20	21—50	51—100	⟩100
+ 84	76	60	57	48	31
— 16	24	40	43	52	69 Prozent.

In diesen Zahlen sind sämtliche Regenfälle enthalten. Zu einfacheren Verhältnissen gelangt man durch weitere Trennung der Regenfälle in Landregen, Böenregen und Gewitterregen.

Landregen. Das einfachste elektrische Verhalten zeigen die Landregen. Unter einem Landregen ist ein Regenfall von mindestens 2 Stunden Dauer und gleichmäßiger Intensität verstanden worden, bei dem keine plötzlichen Barometerschwankungen vorkommen und keine elektrischen Entladungen beobachtet werden.[1]) Nach diesen Gesichtspunkten sind 33 Landregen ausgezählt worden, welche bei 2607 Einzelregistrierungen folgende Stromstärken ergeben haben (s. a. Tabelle V):

1—5	6—10	11—20	21—50	51—100	⟩100
+ 3998	852	53	21	—	—
— 322	31	72	—	—	—

Größere Stromstärken kommen bei Landregen überhaupt nicht vor, vielmehr ist an der gesamten Stromlieferung das Intervall 1—5 fast allein beteiligt. Die Stromrichtung ist beinahe

---

[1]) Diese Definition enthält eine gewisse Willkür, es mußten jedoch irgend welche Grenzen gezogen werden, und ich bin nach diesen Richtlinien verfahren, um nur solche Fälle auszuwählen, bei denen keine stürmischen Vorgänge stattfinden, keine heftigen aufsteigenden Luftströme auftreten und die Regenbildung nicht lokal bleibt, sondern sich über ein größeres Gebiet erstreckt.

ausschließlich Luft—Erde, entgegengesetzte Vertikalströme kommen fast nicht in Betracht; es sind positiv im Intervall 1—5 93 Prozent, im Intervall 5—10 96 Prozent des Gesamtstroms. Für die Häufigkeit der positiven Ströme ergeben sich ähnliche Zahlen: nämlich 92 Prozent für das kleinste Intervall, 97 Prozent für das nächstfolgende. Charakteristisch für Landregen sind demnach positive Ströme von geringem, sehr gleichmäßigen Betrage; Vorzeichenwechsel sind selten.

Die geringe elektrische Wirksamkeit der Landregen spricht sich auch in den von der Volumeinheit Wasser mitgeführten Ladungen aus. Das Beobachtungsmaterial ist hier nicht gleichartig, da erst seit Einrichtung des Tropfenregenmessers genauere Werte der Ladungen für das Registrierintervall von 2 Minuten berechnet werden konnten, während sich aus dem früheren Material mit Hilfe der Niederschlagswage nur Mittelwerte über längere Zeiträume hinweg bilden ließen. Auf dem letzteren Wege sind für die hier in Frage kommenden Landregen im Ganzen 118 positive und 13 negative Werte gewonnen worden, aus denen sich im Mittel eine positive Einheitsladung von 0,44 elektrostatischen Einheiten pro Kubikzentimeter berechnet, die negative Zahl 0,35 ist wohl sehr unsicher. Als absolutes Maximum sind + 3,8 Einheiten in 2 Fällen gemessen worden, 2 Einheiten kommen ebenfalls zweimal vor, 1 Einheit etwa in 10 Fällen. Alle übrigen Werte liegen ganz in der Nähe des Mittels.

Der Tropfenregenmesser hat bisher 63 Werte geliefert, von denen 60 positiv und nur 3 negativ sind. Das Gesamtmittel der positiven Einheitsladung ist 0,53 $\frac{\text{el. stat. Einh.}}{\text{ccm}}$. Das absolute Maximum 3,7 kommt in 2 Fällen vor.

Gewitterregen. Als Gewitterregen wurden diejenigen Regenfälle angesprochen, bei deren Verlauf am Beobachtungsorte mindestens eine elektrische Entladung gehört wurde. Wenn der beobachtete Donner jedoch offenbar einem in der Nähe vorüberziehenden Ferngewitter angehörte, so wurde der betreffende Regenfall ausgeschlossen. Es ist dies jedoch nur in vereinzelten Fällen vorgekommen.

Im Laufe der drei Jahre sind 60 Gewitterregen aufgezeichnet worden, die 1250 einzelne Ausschläge des Elektrometers geliefert haben (Tabelle VI). Als Summen der Stromstärken ergeben sich hiernach für die Stufen:

	1—5	6—10	11—20	21—50	51—100	⟩100
+	755	654	1274	⟩4100	⟩3300	⟩2200
—	539	519	1254	⟩4200	⟩3600	⟩2400 Amp. 10^{-15}.

Hier fällt sofort die beinahe vollkommene Kompensation der beiden Vorzeichen auf, welche die charakteristische Eigenschaft der Gewitterregen zu sein scheint. Nur in den geringen Stromstärken, die für diesen Niederschlagstypus ohne Bedeutung sind, ist ein geringer positiver Überschuß zu verzeichnen, der aber bei weitem nicht den Betrag erreicht, wie er bei der Gesamtheit aller Regenfälle verzeichnet wurde. Drückt man den Anteil der beiden Vorzeichen in Prozenten der im Intervall beobachteten Gesamtstromstärke aus, so erhält man:

	1—5	6—10	11—20	21—50	51—100	⟩100
+	58	56	50	50	48	49
—	42	44	50	50	52	51 Prozent.

Als resultierende Stromstärken ergeben sich aus den oben für die beiden Vorzeichen gegebenen Zahlen

1—5	6—10	11—20	21—25	51—100	>100
+216	+135	+20	—20	—300	—200 Amp. 10^{-15}.

Ob der geringe negative Überschuß in den großen Stromstärken reell ist, läßt sich nach dem vorliegenden Material nicht sicher entscheiden; es ist aber unwahrscheinlich, da die Anzahl der über den Meßbereich hinausgegangenen Ausschläge für beide Vorzeichen ungefähr gleich ist (im Intervall >100 sind 15 positive und 12 negative vorhanden).

Die Anzahl der Ausschläge ist die folgende:

	1—5	6—10	11—20	21—50	51—100	>100
	+304	85	88	127	44	19
	—237	66	84	124	51	21
Diff.	+67	+19	+4	+3	—7	—2

Den Anteil der beiden Vorzeichen an der zeitlichen Dauer der in den Intervallen herrschenden mittleren Stromstärke geben die Zahlen:

1—5	6—10	11—20	21—50	51—100	>100
+56	56	51	51	46	48
—44	44	49	49	54	52 Prozent.

Auch hier ergibt sich also in den mittleren und größten Stromstärken gleiche Dauer der beiden Stromrichtungen.

Das Wesen der Gewitterregen liegt in den großen Stromstärken. Die Stromdichten von 1—10 Amp. 10^{-15} sind nur mit etwa 10 Prozent an der gesamten Stromlieferung beteiligt, alles übrige tun die großen Stromdichten. Daher ist auch auf den geringen positiven Überschuß in den kleinen Stromstärken kein Gewicht zu legen.

Wie ausgibig die Elektrizitätsquelle ist, die bei Gewitterregen in Tätigkeit tritt, erkennt man an den Ladungen der Volumeinheit des gefallenen Niederschlags. Es sind hier wieder die beiden Beobachtungsreihen, welche sich aus der Niederschlagswage und dem Tropfenregenmesser ergeben haben, gesondert zu betrachten.

Nach der ersteren Methode sind 58 positive und 45 negative Mittelwerte berechnet worden, die insgesamt für die mittlere positive Einheitsladung 1,5 $\frac{\text{el. stat. Einh.}}{\text{ccm}}$, für die negative 3,2 $\frac{\text{el. stat. Einh.}}{\text{ccm}}$ ergeben. Der größte beobachtete Wert ist 35 $\frac{\text{el. stat. Einh.}}{\text{ccm}}$.

Es ist jedoch zu berücksichtigen, daß bei dem außerordentlich variablen Charakter dieses Niederschlagstypus und den häufig vorkommenden Vorzeichenwechseln diese Methode der Mittelbildung viel zu kleine absolute Werte der Zahlen gibt. Immerhin sind die mittleren Einheitsladungen beim positiven Vorzeichen 5 mal, beim negativen sogar 10 mal größer als bei Landregen.

Mit dem Tropfenregenmesser sind 89 Werte gewonnen worden, von denen 34 positives, 55 negatives Vorzeichen haben. Die mittlere positive Einheitsladung berechnet sich hieraus zu 1,4, die negative zu 2,2 $\frac{\text{el. stat. Einh.}}{\text{ccm}}$.[1]) Bemerkenswert ist, daß auch hier die negativ geladenen Tropfen mit der doppelten Elektrizitätsmenge beladen erscheinen.

In einzelnen Fällen sind außerordentlich hohe Werte gemessen worden. So am 26. Juli 1911, während eines Nahgewitters, wo die Volumeinheit Wasser zweimal mit mehr als 6 negativen Einheiten versehen war, das erste Mal, um 11^{22} p ging der Ausschlag des Elektrometers über die Skala hinaus, sodaß eine genaue Berechnung nicht stattfinden konnte, das zweite Mal, um 11^{30} p konnten 7,6 negative Einheiten festgestellt werden. Beide Male war die Intensität des Regens sehr gering, es fielen nur etwa 3 ccm während 2 Minuten in das Auffanggefäß. Am 21. August wurden sogar um 10^{01} p 8,3, um 10^{03} p 11,2 negative Einheiten pro Kubikzentimeter gemessen. Ladungen von 5 $\frac{\text{Einh.}}{\text{ccm}}$ scheinen bei Gewitterregen häufig vorzukommen. Verglichen mit Landregen sind die mit den Tropfenregenmesser gefundenen mittleren positiven Ladungen der Gewitterregen mehr als 3 mal größer.

Böenregen. Bei der Auszählung der Böenregen habe ich mich besonders nach dem Verhalten des Barometers gerichtet und unter diese Kategorie alle Regen gezählt, bei denen eine Luftdruckzunahme von mindestens 0,3 mm in weniger als 5 Minuten festgestellt und keine Gewittererscheinungen beobachtet wurden. Es war mir darum zu tun, hier nur solche Fälle zu berücksichtigen, bei denen große Geschwindigkeiten des aufsteigenden Stromes zu vermuten waren und heftige Niederschlagsbildung lokaler Natur eintrat. Daneben habe ich jedoch noch besonderen Wert auf die zur Zeit des Regenfalls beobachtete Wolkenform gelegt und nur dann, wenn Kumulo-Nimben mit Alto-Stratus-Schirm gesehen waren, einen Böenregen für vorliegend erachtet. Der Luftdruck wurde den Registrierungen des Sprung-Fueßschen Laufgewichtsbarographen entnommen.

Nach diesen Grundsätzen haben sich im Laufe der 3 Beobachtungsjahre nur 30 Böenregen einwandfrei definieren lassen. Das an Gewittern reiche Jahr 1910 hat nur 5 Böenregen geliefert.

Als Summen der Stromstärken in den einzelnen Stufen sind folgende erhalten worden (Tabelle VII):

	1–5	6–10	11–20	21–50	51–100	)100
+	313	235	275	)990	)1100	)2000
−	155	168	303	)970	)1800	)2800
Diff.	+158	+67	−28	+25	−700	−800 Amp. 10^{-15}.

In den großen Stromstärken ist also die Richtung des Vertikalstroms Erde—Luft überwiegend. Die kleinen Stromstärken sind wie bei den Gewitterregen bedeutungslos, da sie weniger als 8 Prozent der gesamten Wirkung ausmachen. Den Anteil der beiden Vorzeichen an der Summe der Stromstärken des Intervalls geben nachstehende Prozentzahlen an:

	1–5	6–10	11–20	21–50	51–100	)100
+	67	58	48	50	40	40
−	33	42	52	50	60	60.

---

[1]) Es sind nur 10 schwache Gewitter gemessen worden.

Die Anzahl der Ausschläge beträgt:

	1—5	6—10	11—20	21—50	51—100	⟩100
+	131	32	19	29	17	19
—	62	22	21	31	24	25,

woraus sich als Dauer der beiden Vorzeichen in Prozenten ergibt:

	1—5	6—10	11—20	21—50	51—100	⟩100
+	68	59	48	50	40	40
—	32	41	52	50	60	60.

Die Anzahl der Ausschläge, die über den Meßbereich des Elektrometers hinausgegangen sind, verteilt sich folgendermaßen:

	21—50	51—100	⟩100
+	1	2	18
—	2	3	21

Es ist also mit einem Überschuß des negativen Vorzeichens in den höheren Stromstärken sicher zu rechnen. Damit wäre dann der beträchtliche negative Überschuß, der in der Zahlenreihe für die Gesamtheit aller Regenfälle (S. 26) in den höchsten Stromstärken auftaucht, als durch Böenregen hervorgerufen erklärt, denn weder Gewitterregen noch Landregen können dafür nach dem Vorstehenden verantwortlich gemacht werden. Am einfachsten wäre es wohl, die Böenregen nach ihrem elektrischen Verhalten zu definieren, nämlich als solche Regenfälle, die größere Stromstärken des Elektrizitätstransports Erde—Luft veranlassen[1]).

Die elektrische Ladung der Volumeinheit Wasser bei Böenregen steht der bei Gewitterregen gefundenen in keiner Weise nach. Aus der Niederschlagswage ergeben sich 21 positive und 19 negative Einzelwerte, aus denen sich als Gesamtmittel $+0,6$ und $-1,3$ $\frac{\text{el. stat. Einh.}}{\text{ccm}}$ berechnen. Der Tropfenregenmesser hat bisher nur 13 positive und 34 negative Werte geliefert, woraus im Mittel $+2,2$ und $-2,4$ $\frac{\text{Einh.}}{\text{ccm}}$ folgen. Die höchsten Werte waren hier -18 und -10 $\frac{\text{Einh.}}{\text{ccm}}$. Das Beobachtungsmaterial ist aber noch nicht ausreichend, um sichere Schlüsse daraus ableiten zu können.

2. Hagel- und Graupelfälle.

Während der 3 Beobachtungsjahre wurden 20 Hagel- und Graupelfälle aufgezeichnet, deren Stromstärken in Tabelle VIII gegeben sind. Eine scharfe Trennung von anderen Niederschlagsformen hat sich nicht durchführen lassen, es sind auch diejenigen Fälle berücksichtigt worden, bei denen Hagel oder Graupeln mit Schnee oder Regen gemischt auftraten. Meist ist im Tagebuche die Zeitdauer des Hagelfalls genau angegeben und nur für diese Zeit ist die elektrische Registrierung hier herangezogen worden. Für alle Stromdichten ergibt sich ein Überschuß des positiven Vorzeichens, der in den großen Stromstärken erhebliche Werte erreicht. Es sind aufgezeichnet worden:

---

[1]) Durch Böenregen erklären sich die in kurzen Beobachtungsreihen erhaltenen Resultate von Elster und Geitel (Wien. Ber. 99 [2a] 1890) und Kähler (Phys. Z S. 9, p. 258, 1908).

	1—5	6—10	11—20	21—50	51—100	)100	
	+ 103	105	273	)800	)2800	)1400	
	— 71	68	106	)450	318	)100	Amp. 10^{-15}.
Res. Str.	+ 32	+ 37	+ 167	+)350	+)2500	+)1300	Amp. 10^{-15}.

Die Bevorzugung des positiven Vorzeichens ergibt sich aus nachstehenden Prozentzahlen:

1—5	6—10	11—20	21—50	51—100	)100
+ 59	61	72	64	90	90
— 41	39	28	36	10	10.

Die Anzahl der Ausschläge ist in den Intervallen:

1—5	6—10	11—20	21—50	51—100	)100
+ 55	14	18	24	37	13
— 29	10	7	13	5	1,

wovon über den Meßbereich hinausgegangen sind:

21—50	51—100	)100
+ 3	9	11
— 3	—	1,

so daß der positive Überschuß vermutlich noch bedeutend größer ist, als in den vorstehenden Zahlen angegeben. Die Dauer der beiden Stromrichtungen in Prozenten der Gesamtdauer ist:

1—5	6—10	11—20	21—50	51—100	)100	
+ 65	58	72	65	88	93	
— 35	42	28	35	12	7	Prozent.

Auch bei dieser Niederschlagsform treten die kleinen Stromdichten hinter den großen ganz zurück.

Die Ladungen der Volumeinheit Wasser sind bei Hagel und Graupeln etwa von der Größenordnung der bei Böen gefundenen. Mit Hilfe der Niederschlagswage sind 25 positive Werte berechnet worden, aus denen sich als mittlere Ladung 2,8 $\frac{\text{el. stat. Einh.}}{\text{ccm}}$ ergeben. Der höchste beobachtete Wert ist 34 $\frac{\text{Einh.}}{\text{ccm}}$. Für das negative Vorzeichen konnten nur 9 Werte berechnet werden, aus denen als Mittel 0,5 $\frac{\text{Einh.}}{\text{ccm}}$ folgt.

3. Schneefälle.

Im Laufe der drei Beobachtungsjahre wurden 57 Schneefälle aufgezeichnet. Die erhaltenen Stromstärken sind in Tabelle IX gegeben. Wenn Schnee mit anderen Niederschlagsformen gemischt aufgetreten war, wurde die Registrierung hier nicht berücksichtigt. Die Summe der Stromstärken beträgt in den einzelnen Stufen:

	1—5	6—10	11—20	21—50	51—100	)100	
	+ 1288	516	477	)1300	)1400	)1500	
	— 2744	779	985	)1900	)1700	)2400	$\frac{\text{Amp.}}{\text{qcm}}$ 10^{-15}.
Res. Str.:	— 1456	— 263	— 508	— 600	— 300	— 900	

In sämtlichen Stromstärken überwiegt also das negative Vorzeichen. Den Anteil der beiden Vorzeichen am Gesamtstrom geben die folgenden Zahlen:

1—5	6—10	11—20	21—50	51—100	$\rangle$100
+ 32	40	33	40	45	40
— 68	60	67	60	55	60.

Der Überschuß des negativen Vorzeichens ist also merklich konstant und scheint nur für die kleinsten und größten Stromstärken etwas größere Werte anzunehmen. Im Intervall $\rangle$100 ist die negative Zahl wohl noch zu klein ausgefallen, da hier von 20 Ausschlägen, die über den Meßbereich des Elektrometers hinausgehen, nur 5 positiv, 15 dagegen negativ sind. Insgesamt beträgt die Anzahl der Ausschläge:

1—5	6—10	11—20	21—50	51—100	$\rangle$100
+ 632	72	34	37	18	14
— 1511	103	68	57	24	21,

wovon für die Messung verloren gegangen sind:

			21—50	51—100	$\rangle$100
			+ 6	3	5
			— 7	5	15.

Die Dauer der beiden Vertikalströme in Prozenten der Gesamtdauer ergibt sich hiernach zu:

1—5	6—10	11—20	21—50	51—100	$\rangle$100
+ 29	41	33	39	43	40
— 71	59	67	61	57	60 Prozent.

Auch bei Schnee könnte man Fälle mit böenartigem Charakter unterscheiden und es läßt sich nachweisen, daß hohe Stromstärken nur bei Schneeböen vorkommen. Charakteristische Unterschiede im Verhalten der beiden Vorzeichen ergeben sich jedoch nicht.

Abhängigkeit der Menge und Dauer der beiden Vorzeichen von der Intensität des Niederschlags.

Bei der Untersuchung der Elektrizitätsmengen, die durch eine bestimmte Intensität des Niederschlags dem Erdboden zugeführt wurden, mußten die großen Ausschläge, welche nicht ausgemessen werden konnten, unberücksichtigt gelassen werden. Das Resultat erscheint dadurch etwas zuungunsten des negativen Vorzeichens verschoben, jedoch dürfte das Gesamtbild nicht wesentlich verändert worden sein.

Die Niederschlagsintensität wurde gemessen durch die Anzahl der Kubikzentimeter, die während 2 Minuten mit dem Gefäß von 707 qcm aufgefangen wurden. Es wurden hier nur diejenigen Zahlen berücksichtigt, welche mit der Niederschlagswage und dem Hellmannschen Regen- und Schneemesser gefunden sind, da der Tropfenregenmesser bisher zu wenig — für Schnee gar kein — Material geliefert hat. Eine genauere Untersuchung ließ sich bei dieser unempfindlichen Intensitätsmessung noch nicht anstellen. Es wurden daher nur drei Intensitätsstufen gewählt, nämlich 0—1, 1—3 und $\rangle$3 Kubikzentimeter Niederschlagswasser in zwei Minuten.

Bei der Berechnung der Dauer der beiden Vorzeichen wurden dagegen alle Ausschläge, auch die nicht meßbaren, berücksichtigt. Als Maßstab ist die Anzahl der registrierten Zweiminutenintervalle angegeben.

Regenfälle.

Für die Gesamtheit aller Regenfälle erhält man als Summen der in den angegebenen Intensitätsstufen heruntergebrachten Elektrizitätsmengen e_+ und e_-:

	0—1	1—3	>3	
e_+	0,85	2,57	4,22	
e_-	0,56	1,76	1,60	$\frac{\text{el. stat. Einh.}}{\text{qcm}}$.

Bildet man das Verhältnis $\frac{e_+}{e_-}$, so ergeben sich folgende Zahlen:

	0—1	1—3	>3
$\frac{e_+}{e_-}$	1,5	1,5	2,6.

Das positive Vorzeichen überwiegt also immer, und zwar in den großen Intensitäten bedeutend mehr als in den kleinen.

Es ist oben gezeigt worden, daß Landregen fast ausschließlich positive Ladungen mit sich führen, sie verschleiern daher das Resultat wesentlich zugunsten des positiven Vorzeichens. Ich habe also Gewitter- und Böenregen noch gesondert untersucht.

Gewitterregen brachten folgende Elektrizitätsmengen herab:

	0—1	1—3	>3	
e_+	0,16	0,56	1,36	
e_-	0,31	0,85	0,92	$\frac{\text{el. stat. Einh.}}{\text{qcm}}$,

woraus sich folgende Verhältniszahlen berechnen:

	0—1	1—3	>3
$\frac{e_+}{e_-}$	0,5	0,7	1,5,

d. h. bei geringen Intensitäten fließt im allgemeinen ein Vertikalstrom Erde—Luft, bei großen Intensitäten ist die Stromrichtung dagegen Luft—Erde.

Als Dauer der beiden Vorzeichen ergeben sich folgende Zahlen t_+ und t_-:

	0—1	1—3	>3
t_+	145	127	347
t_-	143	128	251,

woraus für $\frac{t_+}{t_-}$ folgen:

	0—1	1—3	>3
$\frac{t_+}{t_-}$	1,0	1,0	1,4.

Während also bei geringen Intensitäten doppelt so große negative als positive Elektrizitätsmengen transportiert werden, ist die Dauer der beiden Vorzeichen gleich. Hieraus folgt, daß die Ladungen der Volumeinheit für das negative Vorzeichen doppelt so groß sein müssen.

Böenregen. Als Böenregen habe ich hier alle diejenigen Regenfälle bezeichnet, bei denen eine Stromstärke vorkam, die größer war als $50 \cdot 10^{-15}$ Amp., ohne daß elektrische Entladungen während ihres Verlaufs beobachtet wurden.

Die von diesen Regenfällen transportierten Elektrizitätsmengen sind für die Intensitäten:

	0—1	1—3	$>$3
e_+	0,03	0,26	1,61
e_-	0,09	0,44	1,05 $\frac{\text{el. stat. Einh.}}{\text{qcm}}$,

und die entsprechenden Verhältniszahlen:

$\frac{e_+}{e_-}$	0,3	0,6	1,5.

Hierbei muß berücksichtigt werden, daß die negativen Elektrizitätsmengen wegen des Fortfalls der großen Ausschläge zu klein angegeben sind, so daß die Zahlen für $\frac{e_+}{e_-}$ in Wirklichkeit noch kleiner anzunehmen sind.

Wiederum ergibt sich das Resultat, daß der durch große Intensitäten veranlaßte positive Vertikalstrom durch die kleinen Intensitäten in die Luft zurückgeführt wird.

Als korrespondierende Dauer erhält man:

	0—1	1—3	$>$3
t_+	33	97	272
t_-	23	99	183

und daraus als

$\frac{t_+}{t_-}$	1,4	1,0	1,5.

Die negativen Einheitsladungen bei geringen Intensitäten müssen demnach hier die positiven noch um bedeutend mehr übertreffen als bei Gewitterregen.

Bei großen Intensitäten scheinen bei Gewitter- und Böenregen die Volumladungen beider Vorzeichen etwa gleich zu sein.

Schneefälle.

Sämtliche Schneefälle lieferten in den drei Jahren folgende meßbare Elektrizitätsmengen:

	0—1	1—3	$>$3
e_+	0,14	0,49	0,37
e_-	0,08	1,04	0,57

woraus

$\frac{e_+}{e_-}$	1,8	0,5	0,6

folgt. Es finden hier also ähnliche Verhältnisse statt wie bei Regen, nur daß das Vorzeichen umgekehrt ist: bei großen Intensitäten ist der Elektrizitätstransport so wie er nach der auf Seite 33 gegebenen Charakteristik der Schneefälle normalerweise sein muß, nämlich negativ, durch die geringen Intensitäten dagegen wird eine Kompensation durch überwiegend positiven Transport bewirkt.

Auch hier sind die negativen Elektrizitätsmengen in Wirklichkeit größer als angegeben, so daß die Zahlen $\frac{e+}{e-}$ zu verkleinern sind.

Entsprechend findet man als Dauer der beiden Vorzeichen:

	0—1	1—3	)3
t_+	173	456	246
t_-	115	1008	473
$\frac{t+}{t-}$	1,5	0,5	0,5.

Da die Zahl $\frac{t+}{t-}$ für die geringste Intensität kleiner ist als die entsprechenden für $\frac{e+}{e-}$, so müssen die positiven Volumladungen größer sein als die negativen.

Abhängigkeit der elektrischen Ladung der Volumeinheit von der Niederschlagsintensität.

Regenfälle.

Die Bestimmung der in der Volumeinheit Wasser herabgeführten Elektrizitätsmengen hat sich am genauesten mit Hilfe des Tropfenregenmessers bewerkstelligen lassen, da hiermit die Niederschlagsintensität innerhalb der 2 Minuten gemessen werden konnte, während welcher das Auffanggefäß Ladungen aufnahm. Da außerdem die Mengenregistrierung am Auffanggefäß selbst vorgenommen wurde, sind Fehler durch verschiedene Aufstellung des Regenmessers nicht entstanden. Leider gelangte der Apparat erst Ende Juni 1911 zur Aufstellung, so daß das Material vorläufig nur einen geringen Zeitraum umfaßt.

Ordnet man die auf die Volumeinheit berechneten Ladungen nach Niederschlagsintensitäten und berechnet für die unten angegebenen Stufen die mittleren Ladungen des Kubikzentimeters, so ergibt sich für sämtliche Regenfälle, Gewitter, Böen und Landregen das Folgende:

0—1	1—2	2—3	3—5	5—10	10—20	)20 $\frac{ccm}{2 \text{ Min.}}$[1]
+2,46	0,91	0,69	0,59	0,82	0,53	0,2
—3,92	1,22	1,35	1,57	1,03	0,55	—,

wobei die Anzahl der Einzelwerte, aus denen diese Mittel berechnet sind, folgende ist:

0—1	1—2	2—3	3—5	5—10	10—20	)20
+51	82	54	82	85	18	4
—22	28	20	41	45	11	—.

Mit zunehmender Niederschlagsintensität nehmen also im allgemeinen die herabgeführten Ladungen ab, die Stufe 5—10 zeigt einen Wiederanstieg der positiven Ladungen, der reell zu sein scheint und sich vielleicht durch die mit der Intensität veränderlichen Kapazitätsverhältnisse der Tropfen erklären läßt. Doch müßten zur Klärung dieser Frage gleichzeitige Messungen der Tropfenradien vorgenommen werden.

[1] Reduziert auf das Gefäß von 707 qcm Auffangfläche.

Die negativen Einheitsladungen sind durchweg größer als die positiven der betreffenden Stufe. Am größten ist der Unterschied bei den kleinen Intensitäten, er nimmt mit zunehmender Intensität immer mehr ab.

Als Gesamtmittel berechnen sich 0,89 positive und 1,61 negative Einheiten pro Kubikzentimeter aus 376 positiven und 167 negativen Werten.

Mit Hilfe der Niederschlagswage und des Hellmannschen Regenmessers habe ich für den übrigen Zeitraum 374 positive und 176 negative Werte von Volumladungen berechnen können, welche alle Regenfälle überhaupt betreffen. Sie ergeben folgende Mittelwerte für die Intensitäten:

	0—1	1—2	2—3	3—5	5—10	10—15	15—20	⟩20
+	1,78	0,53	0,47	0,37	0,54	0,17	0,2	0,1
−	4,30	1,46	1,17	0,76	0,54	0,28	0,1	0,1,

wobei die Anzahl der Einzelwerte beträgt:

	0—1	1—2	2—3	3—5	5—10	10—15	15—20	⟩20
+	108	96	78	81	56	28	14	13
−	43	38	24	25	22	10	6	8.

Die absoluten Werte der Ladungen sind kleiner als die mit dem Tropfenregenmesser gefundenen, weil die Zahlen Mittelwerte über längere Zeiträume darstellen. Der Gang ist jedoch derselbe, auch das sekundäre positive Maximum bei der Intensität 5—10 findet sich hier wieder. Als Gesamtmittel findet man 0,52 positive und 1,09 negative Einheiten pro Kubikzentimeter.

Gewitterregen. Greift man aus dem gesamten Material der Regenfälle die Gewitterregen heraus, so findet man folgende Volumladungen:

	0—1	1—2	2—3	3—5	5—10	10—15	15—20	⟩20
	+ 2,19	2,32	1,06	1,84	2,12	0,3	0,3	0,1
	− 5,49	3,32	2,58	1,95	0,6	0,2	0,1	0,1
aus	15	7	7	6	7	7	5	3
	20	5	3	3	3	3	3	5

einzelnen Werten. Die Gesamtmittel sind $+1,51$ und $-3,19 \frac{\text{Einh.}}{\text{ccm}}$ aus 57 positiven und 45 negativen Werten. Es finden sich hier also höhere Zahlen als bei der Gesamtheit der Regenfälle, im übrigen ist ein verschiedenes Verhalten nicht zu konstatieren. Besonders tritt, obwohl in der Stufe 5—10 nur wenige Einzelwerte vorhanden sind, doch die höhere Einheitsladung in dieser Stufe wieder deutlich hervor.

Schneefälle.

Mit Hilfe der Niederschlagswage konnten auch Ladungen der Volumeinheit Schmelzwasser für Schnee bestimmt werden. Nur reine Schneefälle sind berücksichtigt worden. Für alle 3 Jahre ergeben sich so 71 positive und 131 negative Werte von Einheitsladungen. Für die verschiedenen Intensitäten erhält man in den Stufen:

0—1	1—2	2—3	3—5	5—10	10—20	>20
— 1,60	0,85	0,40	1,17	0,66	0,4	—
— 0,86	0,47	0,32	0,52	0,33	0,8	0,1 $\frac{\text{Einh.}}{\text{ccm}}$,

während die Anzahl der Einzelwerte beträgt:

0—1	1—2	2—3	3—5	5—10	10—20	>20
21	17	15	8	8	2	—
15	46	27	30	8	4	1.

Wie beim Regen nimmt die Ladung des Schnees mit wachsender Intensität für beide Vorzeichen ab. Während jedoch in den einzelnen Stufen beim Regen das negative Vorzeichen die stärkeren Ladungen aufzuweisen hatte, ist hier das Umgekehrte der Fall, entsprechend der Tatsache, daß Schnee häufiger negativ elektrisch ist, Regen dagegen positiv. Ein sekundäres Maximum in den Stufen 3—5 und 5—10 ist wiederum vorhanden. Die Differenzen der positiven und negativen Volumladungen scheinen sich hier jedoch mit zunehmender Intensität nicht wesentlich abzuschwächen.

Als Gesamtmittel für alle negativen Ladungen werden 0,49, für die positiven 0,98 Einheiten pro Kubikzentimeter Wasser gefunden. Bemerkenswert ist, daß auch hier, wie in allen übrigen Fällen, die kleinere Zahl die Hälfte der größeren ist.

Verhältnis der Dauer der beiden Vorzeichen für verschiedene Volumladungen.

Regenfälle.

Ordnet man die mit dem Tropfenregenmesser gefundenen Zahlen der Volumladungen nach Stufen dieser Ladungen, so erhält man als Anzahl der in den beiden Vorzeichen vorkommenden Werte:

0,1—0,5	0,5—1,0	1—2	2—4	>4 $\frac{\text{Einh.}}{\text{ccm}}$
+ 187	85	65	37	14
— 60	39	27	28	14,

woraus sich als Verhältnis der Dauer des positiven Vorzeichens zur Dauer des negativen ergibt:

0,1—0,5	0,5—1,0	1—2	2—4	>4
3,1	2,2	2,4	1,3	1,0,

d. h. mit zunehmender Einheitsladung nimmt die Dauer des positiven Vorzeichens ab.

Das mit der Niederschlagswage gewonnene Material wurde in der Weise bearbeitet, daß die Anzahl der Zweiminutenintervalle ermittelt wurde, für welche die einzelnen Mittelwerte von Volumladungen berechnet waren. Diese Anzahl wurde für die Dauer der betreffenden Ladung in Anrechnung gebracht. Aus allen Regenfällen ergeben sich die Zahlen:

0,1—0,5	0,5—1,0	1—2	2—4	>4
+ 4547	511	326	164	99
— 732	191	245	139	145

und als Verhältnis der Dauer des positiven zur Dauer des negativen Vorzeichens:

0,1—0,5	0,5—1,0	1—2	2—4	⟩4
6,2	2,7	1,3	1,2	0,7

Während bei kleinen Einheitsladungen das positive Vorzeichen häufiger ist, als das negative, kehrt sich das Verhältnis bei großen Einheitsladungen um.

Schneefälle.

Schneefälle zeigen wiederum das analoge Verhalten, aber mit umgekehrtem Sinne des Vorzeichens.

Die Anzahl der Zweiminutenintervalle ist in den Stufen:

	0,1—0,5	0,5—1,0	1—2	2—4	⟩4
+	596	70	74	56	31
—	1409	163	103	45	0
±/∓	0,4	0,4	0,7	\multicolumn{2}{c}{1,9}

Die Quotienten sind hier für kleinere Volumladungen kleiner als Eins, für größere Volumladungen größer als Eins.

Zusammenfassung der Ergebnisse.

1. **Gesamtübersicht.** Die Dauer des positiv geladenen Niederschlags ist 2,2 mal länger als die des negativ geladenen. Nichtsdestoweniger scheinen sich die gesamten durch Niederschläge heruntergebrachten Elektrizitätsmengen beiderlei Vorzeichens zu kompensieren.

2. **Jahreszeitliche Verteilung.** Im Frühling enthalten die Niederschläge einen Überschuß an negativer Elektrizität, im Sommer scheinen sich die beiden Vorzeichen aufzuheben, vom Herbst zum Winter steigt die Vorherrschaft des positiven Vorzeichens.

Die Dauer des positiven Vorzeichens ist immer größer als die des negativen, und zwar steigt sie vom Frühling zum Winter an.

Die elektrische Tätigkeit der Niederschläge ist am größten im Frühling, am kleinsten im Herbst.

3. **Charakterisierung der Niederschlagsformen nach Stromstärke und Vorzeichen der Eigenelektrizität.**

A. Regenfälle.

a) Landregen bewirken geringe Stromdichten von etwa $1-5$ Amp. 10^{-15} pro Quadratzentimeter, und zwar allein in positiver Richtung. Die Volumladung ist gering und beträgt etwa 0,4 $\frac{\text{Einh.}}{\text{ccm}}$.

b) Für Gewitterregen sind hohe Stromdichten und die vollkommene Kompensation der beiden Vertikalströme an Größe und Dauer charakteristisch. Die mittlere Volumladung ist etwa $2-3$ $\frac{\text{Einh.}}{\text{ccm}}$.

c) Für Böenregen sind hohe Stromdichten von überwiegend negativer Richtung charakteristisch. Die Volumladungen sind ebenso groß wie bei Gewittern.

B. Für Hagel- und Graupelfälle sind große Stromdichten des positiv gerichteten Vertikalstroms charakteristisch. Die Volumladungen entsprechen der Größe nach den bei Gewittern und Böenregen gefundenen.

C. Schneefälle ergeben in allen Stromdichten einen Überschuß des negativen Vorzeichens.

4. Abhängigkeit der Eigenelektrizität von der Intensität des Niederschlags.

A. Regenfälle mit größeren Geschwindigkeiten des aufsteigenden Luftstroms (Gewitter- und Böenregen) veranlassen bei großer Intensität positiven, bei geringer Intensität negativen Elektrizitätstransport zum Erdboden.

B. Schneefälle veranlassen umgekehrt bei großer Intensität negativen, bei geringer Intensität positiven Elektrizitätstransport zum Erdboden.

5. Abhängigkeit der elektrischen Ladung der Volumeinheit von der Niederschlagsintensität.

A. Regen. Die Volumladung nimmt mit zunehmender Niederschlagsintensität ab. Die negativen Ladungen sind stets größer als die positiven Ladungen der gleichen Intensität. Mit zunehmender Intensität nehmen die Unterschiede ab.

B. Schnee. Die Volumladung nimmt auch hier mit zunehmender Intensität ab. Die positiven Ladungen sind stets größer als die negativen Ladungen der gleichen Intensität. Jedoch bleiben hier auch bei größeren Intensitäten größere Unterschiede bestehen.

6. Abhängigkeit der Dauer der beiden Vorzeichen von der Einheitsladung.

A. Regen. Mit zunehmender Einheitsladung nimmt die Dauer des positiven Vorzeichens ab.

B. Schnee. Mit zunehmender Einheitsladung nimmt die Dauer des positiven Vorzeichens zu.

Schlußfolgerungen.

Die Bestimmung der Eigenelektrizität der Niederschläge muß für die Aufstellung einer Theorie über die Entstehung der Gewitterelektrizität von Bedeutung sein. Denn nichts anderes als die auf den Niederschlagsteilchen angesammelte Elektrizität kann die auffälligen Erscheinungen hervorrufen, welche wir bei Gewittern in den Blitzentladungen beobachten. Von den vielen Vermutungen, auf welche Weise die Trennung der in den Blitzen sich wiedervereinigenden großen Elektrizitätsmengen vor sich gehen könne, sind in neuerer Zeit besonders zwei für wahrscheinlich gehalten worden: die Wilson-Gerdiensche Kondensationstheorie und die Simpsonsche Theorie, welche den Lenard-Effekt zur Erklärung heranzieht.

Gerdien[1]) benutzt die Experimente von Wilson, der nachweist, daß Ionen als Kondensationskerne fungieren können und zwar dann, wenn keine Staubkerne in der Luft enthalten sind und wenn sehr hohe Übersättigung der Luft mit Wasserdampf vorhanden ist.

---

[1]) Gerdien, Jahrb. d. Radioakt. u. Elektronik I, p. 24, 1904.

Die negativen Träger treten bereits bei geringerer Übersättigung in Wirksamkeit als die positiven, und gerade diese Eigenschaft benutzt Gerdien zur Erklärung der räumlichen Trennung der Elektrizitätsmengen verschiedenen Vorzeichens. Denn die negativen Träger müssen infolge der auf ihnen früher eintretenden Kondensation eher zum Erdboden herabsinken als die positiven Träger. Die Regentropfen müßten hiernach in den meisten Fällen negativ geladen sein, und auch die zum Boden heruntergebrachten negativen Elektrizitätsmengen müßten größer sein als etwa noch heruntergebrachte positive Mengen.

Die Wilsonsche Theorie wird heute sehr bekämpft, denn sie verlangt sehr hohe Grade der Übersättigung mit Wasserdampf, welche in der Natur nicht vorkommen können. Auch ist in der freien Atmosphäre an gewöhnlichen Staubkernen, welche die Kondensation einleiten können, selbst in höheren Schichten kaum jemals Mangel. Daß die Regentropfen nicht vorwiegend negativ geladen sind, ist durch die Beobachtungen bestätigt worden. Die vorliegenden Messungen zeigen, daß positiver Niederschlag häufiger ist, als negativer, während die transportierten Elektrizitätsmengen beiderlei Vorzeichens etwa gleich sind.

Simpson erklärt die Elektrizität der Regentropfen durch einen Effekt, der dem von Lenard gefundenen Wasserfalleffekt analog ist. Durch neuere Untersuchungen[1]) ist gezeigt worden, daß dieser Effekt ganz allgemein dann auftritt, wenn in einem Gase rasches Verschwinden freier Flüssigkeitsoberfläche stattfindet. Nach Lenard sind Flüssigkeitsoberflächen der Sitz elektrischer Doppelschichten. Wird die Flüssigkeitsoberfläche mechanisch zerstört, so findet eine Trennung der beiden Ladungen statt, falls der Prozeß so schnell vor sich geht, daß eine Neutralisation nicht stattfinden kann. Es hat sich gezeigt, daß nur beim Verschwinden freier Oberfläche freie Elektrizität auftritt.

Simpson[2]) weist durch Laboratoriumsexperimente nach, daß auch beim Zerspritzen fallender Tropfen in einem aufsteigenden Luftstrom, wie es nach Lenard[3]) bei Regentropfen stattfinden muß, die auf einen Durchmesser von mehr als 5 mm angewachsen sind, Trennung der beiden Elektrizitäten bewirkt wird, und zwar wird das Wasser dabei positiv elektrisch, die umgebende Luft nimmt dagegen die äquivalente negative Elektrizitätsmenge in Form von Trägern auf und führt sie im aufsteigenden Strom nach oben. Hiernach müßten also die zum Erdboden gelangenden Regentropfen allein positive Ladungen mit sich führen. Die Erfahrung zeigt, daß auch sehr hohe negative Ladungen auf den Tropfen vorkommen. Diese erklärt Simpson in folgender Weise. Die in der Luft enthaltenen negativen Träger existieren nicht lange für sich allein, sondern sie diffundieren an die in dem aufsteigenden Strom enthaltenen Wolkenelemente, die sich dann weiter zu größeren Tropfen vereinigen.

Hiergegen wendet Aganin[4]) ein, daß nach Laboratoriumsexperimenten eine derartige Verwandlung der leicht beweglichen Träger in schwer bewegliche nicht zu vermuten ist. Andererseits würde aber bei Annahme von leicht beweglichen Trägern eine Fortbewegung derselben von den positiven Tropfen wegen der großen entstehenden Feldstärken undenkbar sein.

---
[1]) s. den zusammenfassenden Bericht von Becker, Jahrb. d. Radioakt. u. Elektronik 9, p. 52, 1912.
[2]) a. a. O.
[3]) Lenard, Met. Z. S. 21, p. 249, 1904.
[4]) Aganin, Met. Z. S. 29, p. 171, 1912.

Vielmehr würden sich die negativen Träger der Richtung des aufsteigenden Stromes entgegengesetzt in der Richtung des elektrischen Feldes bewegen.

Eine Bestätigung seiner Theorie erblickt Simpson in seinen Registrierungen der Niederschlagselektrizität in Indien. Er findet hier, wie schon in der Einleitung gesagt, einen beträchtlichen Überschuß des positiven Vorzeichens sowohl an Menge als an Dauer. Ferner sprechen nach seiner Ansicht zugunsten seiner Theorie noch die Beobachtungen, daß Regen von geringer Intensität stärker elektrisch ist als heftiger Regen, daß schwacher Regen meist mit negativen Ladungen versehen und andererseits Regen von sehr großer Intensität ausschließlich positiv geladen ist. Die letzteren Ergebnisse haben sich auch durch die vorliegende Untersuchung bestätigen lassen, nicht dagegen das Überwiegen des positiven Vorzeichens überhaupt. Nur die Dauer des positiven Vorzeichens ist auch in Potsdam stets größer gefunden worden als die des negativen.

Der entscheidende Mangel der Simpsonschen Theorie liegt in dem Umstande, daß sie die Eigenelektrizität des Schnees nicht zu erklären vermag. Zwischen festen und gasförmigen Körpern gibt es keinen Lenard-Effekt. Die Beobachtungen zeigen aber, daß Schnee in nicht geringerem Grade elektrisch sein kann als Regen, daß sogar bei Schneefällen Blitzentladungen vorkommen. Schon A. Wegener[1]) weist darauf hin, daß die Blitzentladungen bei Wintergewittern eine Schwierigkeit für Simpsons Theorie bilden. Man müßte also hierfür wiederum eine wesentlich andere Entstehungsursache vermuten.

Die vorliegende Untersuchung scheint mir jedoch die Vermutung nahezulegen, daß der Vorgang der Elektrisierung für Regen und Schnee dem Wesen nach identisch sein müsse, wenn er auch bei den beiden Niederschlagsformen mit verschiedenem Vorzeichen in Tätigkeit tritt. Regen ist häufiger positiv elektrisch, Schnee dagegen negativ. Bei großen Intensitäten ist Regen vorwiegend mit positiven, bei kleinen Intensitäten mit negativen Elektrizitätsmengen beladen. Bei Schnee findet ebenfalls durch die Änderung der Intensität eine Umkehrung der Stromrichtung statt, aber im umgekehrten Sinne wie bei Regen. Die Abhängigkeit der Volumladung von der Intensität ist bei beiden Niederschlagsformen analog, nur findet alles mit umgekehrtem Vorzeichen statt. Schließlich zeigt auch die Abhängigkeit der Dauer beider Vorzeichen von der Einheitsladung bei Regen mit zunehmender Einheitsladung Abnahme, bei Schnee dagegen Zunahme der positiven Ladungsdauer.

Ein derartiges spiegelbildliches Verhalten bei verschiedenen Aggregatzuständen ist nur zu erklären, wenn man als Elektrizitätsquelle einen Influenzierungsvorgang annimmt. Elster und Geitel haben schon vor langer Zeit die Möglichkeit derartiger Vorgänge dargelegt[2]). „Ein Wassertropfen, frei in der Luft schwebend gedacht, von dessen Oberfläche kleine Tröpfchen nach oben abfliegen, würde gleichfalls eine positive Potentialdifferenz gegen die Erde annehmen, entsprechend der Niveaufläche, in der er sich befindet. Es hat keine Schwierigkeit, sich einen Wassertropfen von der Größe vorzustellen, daß er beim Herabsinken nach Erreichung einer bestimmten Fallgeschwindigkeit nicht mehr als zusammenhängende Masse bestehen kann. Er wird zerreißen; die kleinen Teiltröpfchen bleiben im Felde zurück,

---

[1]) Wegener, Thermodynamik der Atmosphäre, p. 260.
[2]) Elster u. Geitel, Wien. Sitz. Ber. Bd. 99, Abt. II, p. 432, 1890.

die größeren eilen voran. Erstere müssen negativ, letztere positiv geladen sein. Gesetzt, es entstünde in der Luft plötzlich eine größere Wassermenge, die beim Herabfallen sich in einen Schwarm von Tropfen auflöst, so müssen die zuerst an der Erdoberfläche ankommenden größeren sich positiv; die nachfolgenden staubförmigen sich negativ elektrisch erweisen".

Es wird hier also wie in der Simpsonschen Theorie das Zerspritzen der Tropfen als die Ursache der Scheidung der beiden Elektrizitäten angesehen. Niemand wird bestreiten, daß dieses Zerspritzen in der freien Atmosphäre stets in elektrischen Feldern vor sich geht, und dann muß auch die geschilderte Kollektorwirkung eintreten und den etwa auftretenden Lenard-Effekt quantitativ verdecken. Man wird auch heute nicht mehr, wie es früher geschah, das normale Erdfeld durch den Elektrizitätstransport erklären wollen, der durch die Niederschläge bewirkt wird, sondern man wird den umgekehrten Weg gehen und elektrische Felder als bestehend voraussetzen müssen.

Auch hier kann, wie bei der Simpsonschen Theorie, der Einwand gemacht werden, daß das Zerspritzen erst in den unteren Schichten stattfinden könne, wenn die Tropfen bereits zu erheblicher Größe angewachsen sind, während doch der Ursprung der Blitzentladungen in größerer Höhe zu suchen sei[1]). Elster und Geitel haben am selben Orte gezeigt, daß noch eine andere Möglichkeit der Influenzierung denkbar sei.

„Wenn größere Niederschlagsteilchen (Regentropfen oder Hagelkörner) eine Wolke durchfallen, so müssen sie auf ihrer Bahn mit den sehr feinen Elementartropfen zusammentreffen, die in ihrer Ansammlung die Wolke bilden. Nach einem in einer früheren Abhandlung[2]) mitgeteilten Versuche ist anzunehmen, daß bei diesem Zusammentreffen größerer und kleinster Tropfen keineswegs immer eine Verschmelzung derselben eintritt, sondern daß auch ein Gleiten der kleineren an den größeren stattfinden kann. Wir glauben durch einen Versuch nachgewiesen zu haben, daß bei diesem Gleiten von Wasserstaub an ausgedehnten Wasserflächen in dem Berührungspunkte keine vollständige Isolation in elektrostatischer Beziehung vorhanden ist. Danach werden also die feinsten Wolkenelemente, wenn sie von einem fallenden Niederschlagsteilchen getroffen werden, indem sie von diesem abgleiten, die Stelle der Tropfen eines Wasserkollektors spielen, d. h. in dem elektrischen Felde der Atmosphäre selbst negativ werden, die fallenden Niederschläge aber positiv elektrisieren".

Natürlich sind diese Vorgänge nur denkbar unter der Annahme vertikaler und horizontaler Verschiebungen der geladenen Schichten, die Energiequelle ist sowohl in der Fallbewegung der Niederschläge als auch in horizontalen Luftströmungen zu suchen. Elster und Geitel haben nachgewiesen[2]), daß unter diesen Umständen „durch solchen Transport elektrischer Massen Vorgänge eingeleitet werden können, die eine gewisse Ähnlichkeit mit der Wirkungsweise der elektrischen Influenzmaschinen bieten".

Die Ergebnisse der Potsdamer Registrierungen scheinen in verschiedenen Punkten für die Richtigkeit dieser Anschauungen zu sprechen. Findet in einer Wolke, veranlaßt durch aufsteigenden Luftstrom, die Bildung von Niederschlagsteilchen statt, so erhalten die enstandenen großen Regentropfen durch die Fallbewegung eine Beschleunigung gegen die negativ geladene

---
[1]) A. Wegener a. a. O.
[2]) Elster u. Geitel, Wied. Ann. 25. p. 129, 1885.

Erde, während die kleinen Wolkenelemente in der entgegengesetzten Richtung emporgetragen werden. Die größeren herabfallenden Wassermassen, welche den größeren Niederschlagsintensitäten entsprechen, müssen diejenige Influenzelektrizität transportieren, die mit dem normalen Potentialgefälle gleiches Vorzeichen hat (weswegen auch die schnell fallenden kompakten Hagelkörner fast stets stark positiv gefunden werden). Die kleinen Tröpfchen, die mit dem aufsteigenden Strom nach oben geführt werden, nehmen dagegen das gleiche Quantum des entgegengesetzten Vorzeichens mit. Es ist gezeigt worden, daß mit Zunahme der Intensität auch das Vorzeichen umgekehrt wird. Besonders beweiskräftig ist aber das Verhalten der Volumladungen bei verschiedenen Intensitäten. Regen scheint gewöhnlich im normalen Gefälle elektrisiert zu werden, infolgedessen sind bei der gleichen Intensität die positiven Einheitsladungen kleiner als die negativen, welche den nach oben geführten kleineren Tröpfchen zukommen. Mit zunehmender Intensität nehmen die Volumladungen ab, da dann die Zusammenstöße häufiger werden, welche zur Vereinigung großer und kleiner Tropfen führen, und teilweise Neutralisation stattfinden kann. Die großen Einheitsladungen sind in den häufigsten Fällen mit negativem Vorzeichen versehen, da die entgegengesetzte Influenzelektrizität an die kleinere Wassermasse gebunden ist. Nach den in Potsdam gefundenen Zahlen sind die Volumladungen der gleichnamigen Influenzelektrizität im Mittel doppelt so groß wie die der ungleichnamigen, sowohl bei Regen als bei Schnee. Hieraus könnte man schließen, daß die Hälfte derjenigen Wassermenge, welche sich nach unten in der Richtung des elektrischen Feldes bewegt, entgegengesetzt dieser Richtung durch den aufsteigenden Luftstrom emporgeführt wird, vorausgesetzt, daß die Wassermasse im Ganzen vorher unelektrisch war. Hier bietet sich vielleicht eine Handhabe, um die Richtigkeit der Influenztheorie durch Laboratoriumsexperimente zu prüfen.

Da Schnee sich normalerweise als negativ elektrisch erweist, muß man annehmen, daß hier die Influenzierung der Krystalle in einem Felde vor sich geht, dessen Richtung zum normalen Erdfelde umgekehrt ist[1]).

Hiermit steht im Einklang, daß das am Erdboden beobachtete Potentialgefälle bei Schnee meist positiv, bei Regen negativ ist. Man kann im großen und ganzen nach Linß[2]) das Bestehen von Doppelschichten annehmen. Da die untere Schicht durch fallende Niederschläge teilweise zur Erde abgeleitet wird, so wird das Vorzeichen des Potentialgefälles durch das Vorzeichen der oberen Schicht bestimmt, und dies ist bei Schnee positiv, bei Regen negativ.

Das Verhalten der Volumladungen von Schnee bei verschiedenen Intensitäten zeigt, daß hier die Unterschiede zwischen den beiden Vorzeichen mit zunehmender Intensität nicht wesentlich abnehmen. Dies liegt vielleicht an der geringen Fallgeschwindigkeit der Krystalle, wodurch der Effekt des Influenzvorganges bedeutend heruntergesetzt wird und immer ungefähr der gleiche Prozentsatz der getrennten Elektrizitätsmengen sich wieder neutralisiert. Deswegen kommt es auch bei Schnee seltener zur Ausbildung von Funkenentladungen. Auch geht die

---

[1]) Auch hier kann man entweder ein Gleiten der Krystalle aneinander oder eine Löslösung einzelner Teile von der Hauptmasse des Krystalls annehmen. Tatsächlich findet man unter den Mikrophotogrammen von Schneekrystallen Sterne, von denen einzelne Strahlen abgebrochen erscheinen.

[2]) s. d. Einleitung.

Influenzierung sozusagen in der falschen Richtung vor sich, das influenzierende Feld wird schließlich durch das normale Erdfeld aufgehoben [1]).

Betrachtet man die Frage von ihrer quantitativen Seite, so scheint die Elektrisierung der Niederschlagsteilchen durch Influenz die einzige Elektrizitätsquelle zu sein, welche die beobachteten hohen Ladungen zu erklären vermag. Sie ist auch die einzige, welche eine Elektrisierung der Niederschlagsteilchen mit beiden Vorzeichen gestattet. Tatsächlich hat sich bei der vorliegenden Untersuchung die vollkommene Gleichwertigkeit der beiden Stromrichtungen innerhalb längerer Zeiträume herausgestellt [2]).

Am besten tritt diese bei den Gewitterregen zum Vorschein, bei denen die transportierten Elektrizitätsmengen und ihre zeitliche Dauer sich vollkommen kompensieren. Man kann wohl vermuten, daß die Entstehung der Blitzentladungen damit im Zusammenhang steht, daß hier äquivalente Ladungen räumlich dicht nebeneinander angetroffen werden. Bei Böenregen ist dies nicht der Fall, vielmehr werden hier die negativen Ladungen durch die Niederschläge zum Erdboden abgeführt.

Während bei Böen- und Gewitterregen durch einen lokal aufsteigenden Luftstrom von erheblicher Geschwindigkeit für eine gute Trennung der beiden Elektrizitäten gesorgt wird, findet bei Landregen nur eine geringe Wirkung und eine ziemlich weitgehende Wiedervereinigung der beiden Vorzeichen statt, die beobachteten Volumladungen sind gering, das Vorzeichen ist dem normalen Erdfelde entsprechend positiv.

Eine weitere Klärung der Frage ist von gleichzeitig mit den elektrischen Messungen angestellten Beobachtungen der Tropfenradien zu erhoffen. Zur genaueren Untersuchung des zeitlichen Verlaufs der verschiedenen Niederschlagstypen wird man wohl zur Benutzung empfindlicherer Elektrometer übergehen müssen, welche eine stetige Registrierkurve liefern, etwa in der Versuchsanordnung, wie Gerdien sie benutzt hat.

---

[1]) Das an der Erdoberfläche beobachtete Potentialgefälle ist nicht maßgebend. Bei Regen erhält sich das normale Feld am Entstehungsort der Niederschlagselektrizität aufrecht, bei Schnee wird es umgekehrt. Die Beobachtung der verschiedenen Feldrichtungen in der Höhe während des Niederschlagsprozesses wäre zu wünschen.

[2]) Sollten sich die negativen Ladungen des Schnees als eine allgemeine Erscheinung herausstellen, so würde man eine Abhängigkeit des Niederschlagsstroms von der geographischen Breite annehmen können. Die in den Tropen (nach Simpson) fließenden positiven Ströme würden dann an den Polen kompensiert werden.

Tab. I. Monatssummen der Elektrizitätsmengen E und Anzahl der
registrierten Zweiminutenintervalle A.

	1909				1910				1911			
	E		A		E		A		E		A	
	+	−	+	−	+	−	+	−	+	−	+	−
Januar	4772	2002	126	115	3384	5920	211	269	4899	1094	417	65
Februar	6729	1791	515	130	3145	2924	570	165	11634	4888	688	117
März	1591	3585	184	390	2125	2281	135	96	5151	2938	203	44
April	6904	5055	264	96	4648	996	290	36	5204	11244	178	138
Mai	5432	11200	183	164	10418	6709	234	131	8689	5615	137	85
Juni	3670	2003	180	117	5544	2499	291	94	6057	7489	129	132
Juli	3114	1565	145	42	5004	5716	169	114	1711	3277	56	48
August	8600	5349	193	149	1984	1213	88	59	1675	3157	61	44
September . . .	2018	391	74	13	3079	1142	181	35	1392	2128	86	34
Oktober	2323	623	87	22	636	107	11	7	1082	1058	55	13
November . . .	7617	4458	717	387	8224	6352	461	311	587	356	25	1
Dezember . . .	6003	635	439	43	2908	1352	241	67	13018	2663	345	85
Jahr	58773	38657	3107	1668	51099	37211	2882	1384	61099	45907	2380	806

E in el. stat. Einh. 10⁻⁴.

Tabelle II.

A Elektrizitätsmenge in el. st. Einh. pro qcm.
B Summe der beiden Vorzeichen.
C Positive und negative Elektrizitätsmenge in Prozenten der Gesamtsumme.
D Dauer des nachweisbar elektrischen Niederschlages in Stunden.
E Dauer der beiden Vorzeichen in Prozenten der gesamten Dauer.

Monate	Jahr	A		B	C		D		E	
		+	−		+	−	+	−	+	−
	1909	1.39	1.98	3.37	41.2	58.8	21.0	21.7	49.2	50.8
	1910	1.72	1.00	2.72	63.2	36.8	22.0	8.8	71.4	28.6
	1911	1.90	1.98	3.88	49.0	51.0	17.3	8.9	66.0	34.0
März-Mai		5.02	4.96	9.97	50.3	49.7	60.3	39.4	60.5	39.5
	1909	1.54	0.89	2.43	63.4	36.6	17.3	10.3	62.7	37.3
	1910	1.25	0.94	2.19	57.1	42.9	18.3	8.9	67.3	32.7
	1911	0.94	1.39	2.33	40.4	59.6	8.2	7.5	52.2	47.8
Juni-August		3.73	3.23	6.95	53.7	46.4	43.8	26.7	62.1	37.9
	1909	1.20	0.54	1.74	69.0	31.0	29.3	14.1	67.5	32.5
	1910	1.19	0.76	1.95	61.0	39.0	21.8	11.8	64.9	35.1
	1911	0.30	0.35	0.65	46.2	53.8	5.5	1.6	77.5	22.5
Sept.-Nov.		2.69	1.66	4.35	61.8	38.2	56.6	27.5	67.3	32.7
	1909	1.75	0.44	2.19	79.9	20.1	36.0	9.6	78.9	21.1
	1910	0.94	1.02	1.96	48.0	52.0	34.1	16.7	67.1	32.9
	1911	2.95	0.86	3.81	77.4	22.6	48.3	8.9	84.4	15.6
Dez.-Febr.		5.65	2.33	7.98	70.8	29.2	118.4	35.2	77.1	22.9
Summe		17.09	12.18	29.27	58.4	41.6	279.1	128.8	68.4	31.6

Tabelle III.

A Gesamte Niederschlagshöhe (cm).
B Höhe des elektrisch geladenen Niederschlags.
C Elektr. Niederschlag in Prozenten des gesamten Niederschlags.
D Gesamte Niederschlagsdauer (Stunden).
E Dauer der Ladungen.
F Dauer der Ladungen in Prozenten der gesamten Dauer.
G Mittl. Ladung eines Kubikzentimeters ber. aus der ges. Niederschlagsmenge.
H Mittl. Ladung eines Kubikzentimeters ber. aus der Menge des elektr. Nied.

Monate	Jahr	A	B	C	D	E	F	G	H
	1909	15.1	6.8	45	179.5	42.7	23.8	0.22	0.5
	1910	10.6	4.8	45	115.6	30.8	26.6	.26	.6
	1911	9.4	5.0	53	118.7	26.2	22.1	.41	.8
März–Mai		35.2	16.6	47	413.8	99.7	24.1	0.28	0.60
	1909	27.2	15.9	58	166.6	27.6	16.6	.09	.2
	1910	23.2	7.5	32	139.4	27.2	19.5	.09	.3
	1911	7.1	3.0	42	52.7	15.7	29.8	.33	.8
Juni–August		57.5	26.4	46	358.7	70.5	19.6	0.12	0.26
	1909	17.3	7.4	43	222.7	40.0	18.0	.10	.2
	1910	12.3	5.3	43	182.3	31.9	17.5	.16	.4
	1911	8.2	1.6	20	123.0	7.1	5.8	.08	.4
Sept.–Nov.		37.8	14.3	38	528.0	79.0	15.0	0.11	0.30
	1909	14.2	7.1	50	251.1	45.6	18.2	.15	.3
	1910	11.5	4.7	41	190.4	50.8	26.7	.17	.4
	1911	15.8	7.8	49	275.2	57.2	20.8	.24	.5
Dez.–Febr.		41.4	19.6	47	716.7	153.6	21.4	0.19	0.41
Summe		171.9	76.9	45	2017.2	402.8	20.0	0.17	0.38

Tabelle IV.

	1-5				6-10				11-20			
	+		−		+		−		+		−	
	A	B	A	B	A	B	A	B	A	B	A	B
1909 Januar	42	52	2	2	1	7	.	0	1	14	.	0
Februar	249	317	2	4	.	0	.	0	.	0	.	0
März	150	179	2	4	8	48	.	0	2	35	.	0
April	141	399	59	101	14	105	5	37	8	120	5	67
Mai	111	153	44	110	9	72	10	69	7	98	12	176
Juni	129	229	74	169	21	150	12	81	9	126	17	245
Juli	85	166	21	38	24	181	8	52	30	403	5	70
August	115	217	94	138	14	103	10	78	19	290	16	252
September	40	118	9	28	24	168	1	9	1	13	2	38
Oktober	55	97	9	24	13	100	9	70	8	108	3	41
November	372	619	20	35	13	84	.	0	3	47	.	0
Dezember	359	648	32	52	36	269	4	28	26	373	1	16
	1848	3194	368	705	177	1287	59	424	114	1627	61	905
1910 Januar	144	179	13	20	5	36	2	15	.	0	4	63
Februar	394	544	41	67	19	118	.	0	.	0	2	30
März	69	97	7	15	1	9	.	0	4	56	.	0
April	230	344	15	24	11	81	.	0	6	76	2	28
Mai	137	297	63	143	23	170	8	59	12	160	14	185
Juni	213	313	64	109	26	193	7	51	19	258	13	180
Juli	109	209	55	99	15	122	10	78	15	222	13	190
August	69	117	45	73	3	23	3	24	7	112	5	70
September	144	294	24	40	20	150	3	23	7	96	1	17
Oktober	5	9	5	12	1	10	1	6	.	0	1	11
November	347	575	33	50	15	104	.	0	6	96	.	0
Dezember	164	332	15	29	16	110	3	22	4	50	4	61
	2025	3309	380	681	155	1126	37	278	80	1126	59	835
1911 Januar	328	756	10	20	41	291	.	0	3	36	.	0
Februar	263	475	16	29	6	44	2	15	5	74	3	43
März	122	271	9	25	15	116	7	51	9	126	4	55
April	110	346	40	119	30	251	16	136	9	138	11	161
Mai	59	135	28	73	13	107	12	98	12	167	11	171
Juni	79	185	51	162	20	146	16	135	7	105	18	273
Juli	38	97	29	90	14	118	15	130	4	64	11	177
August	19	60	7	23	8	64	5	42	4	54	6	90
September	64	132	19	48	12	98	5	37	1	14	2	36
Oktober	22	81	3	3	6	42	4	28	4	62	1	11
November	17	51	.	0	6	36	.	0	1	14	.	0
Dezember	80	240	28	84	105	712	13	86	50	691	14	206
	1201	2829	240	676	276	2025	95	758	109	1545	81	1223
	5074	9332	988	2062	608	4438	191	1460	303	4298	201	2963

Tabelle V.

	+		−		+		−		+		−	
1909	761	1194	132	208	31	207	3	21	3	39	5	72
1910	921	1520	64	94	32	201	.	0	.	0	.	0
1911	582	1284	10	20	60	444	1	10	1	14	.	0
	2264	3998	206	322	123	852	4	31	4	53	5	72

Tabelle VI.

	+		−		+		−		+		−	
1909 April	7	19	8	12	1	8	1	9	5	86	1	11
Juni	58	128	44	95	15	110	9	61	9	126	11	154
Juli	18	53	9	18	8	57	6	40	22	285	2	30
August	17	51	17	37	4	29	6	49	13	212	10	153
September	21	72	8	24	11	75	1	9	0	0	2	38
Oktober	7	25	5	14	9	66	3	18	2	25	1	13
	128	348	91	200	48	345	26	186	51	734	27	399

A Anzahl der Ausschläge, in Klammern die Anzahl der verloren gegangenen Messungen.

Regenfälle.

21–50				51–100				>100 Amp. 10^{-15}/qcm			
+		–		+		–		+		–		
A	B	A	B	A	B	A	B	A	B	A	B
1	28	.	0	(2)	5	) 355	.	0	.	0	.	0
.	0	.	0	.	0	.	0	1	91	.	0	.	0
.	0	.	0	.	0	.	0	.	0	.	0	.	0
(3)	15	) 527	(1)	8	) 269	(5)	10	) 914	11	832	(1)	1	) 107	(4)	5	) 542
(1)	16	) 532	(2)	13	) 426	(10)	12	)1118	24	1721	.	0	(33)	35	)3864
(4)	17	) 543	(1)	4	) 112	(2)	3	) 274	.	0	.	0	.	0
(2)	6	177	(2)	6	) 207	.	0	2	132	.	0	.	0
(1)	32	)1062	(1)	26	) 787	11	749	3	249	(1)	1	) 101	.	0
(3)	8	) 278	1	30	1	84	.	0	.	0	.	0
(2)	11	) 407	1	34	.	0	.	0	.	0	.	0
7	284	2	63	2	156	1	56	.	0	.	0
6	153	2	45	.	0	.	0	.	0	.	0
(16)	119	)3991	(7)	63	)1973	(19)	44	)3650	42	3081	(2)	2	) 208	(37)	40	)4406
.	0	3	91	.	0	.	0	.	0	.	0
1	22	(1)	4	) 131	1	89	5	376	.	0	1	102
.	0	.	0	.	0	.	0	.	0	.	0
.	0	(2)	3	) 97	.	0	(2)	3	) 248	.	0	.	0
(3)	21	) 666	(3)	14	) 501	9	733	(3)	13	) 902	(11)	11	)1142	(2)	2	) 212
(2)	20	) 624	(1)	6	) 193	(9)	12	) 987	2	147	.	0	(1)	1	) 112
(3)	18	) 682	(1)	21	) 625	(4)	9	) 733	8	513	(1)	1	) 108	(5)	6	) 666
(2)	7	) 229	(1)	6	) 197	2	130	.	0	.	0	.	0
10	284	5	177	.	0	(1)	2	) 108	.	0	.	0
5	155	.	0	.	0	.	0	.	0	.	0
5	154	1	28	(1)	1	) 52	.	0	.	0	.	0
2	64	1	23	(1)	2	) 141	.	0	(1)	1	) 110	(5)	5	) 620
(10)	89	)2880	(9)	64	)2063	(15)	36	)2865	(6)	33	)2294	(13)	13	)1360	(13)	15	)1712
4	130	.	0	.	0	.	0	.	0	.	0
5	133	1	29	(2)	3	) 184	(1)	1	) 61	.	0	(1)	1	) 128
5	179	5	127	(2)	3	) 160	.	0	(1)	1	) 103	.	0
9	305	33	1241	5	296	(5)	22	)1414	.	0	(6)	10	)1205
36	1188	16	617	(1)	10	) 758	(5)	12	) 824	(5)	6	) 737	(4)	6	) 706
15	498	20	652	3	184	(4)	14	) 948	(1)	4	) 566	(3)	3	) 325
8	217	10	321	(2)	4	) 246	(1)	4	) 329	(1)	1	) 122	1	109
5	173	18	656	3	178	1	57	.	0	.	0
3	92	3	77	1	71	(1)	3	) 242	(5)	5	) 650	2	227
2	51	3	105	1	59	2	146	.	0	.	0
.	0	.	0	1	69	1	99	.	0	.	0
18	560	4	95	10	685	1	84	3	321	1	124
110	3526	113	3921	(7)	44	)2890	(17)	61	)4204	(13)	20	)2499	(14)	24	)2824
(26)	318	)10397	(16)	240	)7957	(41)	124	)9405	(23)	136	)9579	(28)	35	)4067	(64)	79	)8942

Landregen.

1	21	.	0	.	0	.	0	.	0	.	0
.	0	.	0	.	0	.	0	.	0	.	0
.	0	.	0	.	0	.	0	.	0	.	0
1	21	.	0	.	0	.	0	.	0	.	0

Gewitterregen.

(1)	9	) 287	3	88	(1)	4	) 321	3	194	.	0	4	434
(4)	17	) 543	2	52	(2)	3	) 274	.	0	.	0	.	0
(1)	2	) 77	(2)	6	) 207	.	0	2	132	.	0	.	0
30	998	(1)	21	) 645	11	749	3	249	(1)	1	) 101	.	0
(1)	2	) 70	1	30	1	84	.	0	.	0	.	0
(1)	3	) 124	1	34	.	0	.	0	.	0	.	0
(8)	63	)2099	(3)	34	)1056	(3)	19	)1428	8	575	(1)	1	) 101	4	434

B Stromstärke in Amp. 10^{-15}.

Tabelle VI.

	1-5				6-10				11-20			
	+		−		+		−		+		−	
	A	B	A	B	A	B	A	B	A	B	A	B
1910 April . . .	2	14	.	0	.	0	.	0	1	11	1	17
Mai . . .	17	41	23	53	2	18	3	19	8	112	7	99
Juni . . .	56	90	23	38	10	75	2	18	10	139	6	80
Juli . . .	35	73	28	59	5	39	9	72	8	128	11	161
August . .	5	10	21	36	.	0	2	15	1	13	4	57
September .	14	37	6	8	2	19	2	16	2	31	.	0
	129	265	101	194	19	151	18	140	30	434	29	414
1911 April . . .	.	0	7	16	.	0	1	7	.	0	.	0
Mai . . .	5	19	3	10	3	26	.	0	2	29	6	90
Juni . . .	13	37	19	67	4	34	10	88	1	13	11	179
Juli . . .	20	54	10	34	7	64	6	56	2	32	5	82
August . .	9	32	6	18	4	34	5	42	2	32	6	90
	47	142	45	145	18	158	22	193	7	106	28	441
	304	755	237	539	85	654	66	519	88	1274	84	1254

Tabelle VII.

1909	50	122	31	72	14	107	6	43	9	127	4	59
1910	52	108	8	17	12	83	2	18	2	27	4	59
1911	29	83	23	66	6	45	14	107	8	121	13	185
	131	313	62	155	32	235	22	168	19	275	21	303

Tabelle VIII.

1909 Februar . .	10	16	.	0	2	12	.	0	2	30	.	0
April . . .	9	18	6	13	2	18	.	0	5	74	.	0
Mai . . .	1	1	7	20	3	24	1	9	1	11	2	34
1910 Januar . .	11	14	1	4	.	0	2	15	.	0	.	0
März . . .	3	7	4	8	.	0	.	0	.	0	1	17
April . . .	10	15	1	4	4	27	2	12	5	76	1	12
Mai . . .	4	12	4	12	.	0	2	12	3	51	2	26
November .	.	0	3	4	.	0	1	6	.	0	1	17
1911 Februar . .	3	9	3	6	1	10	2	14	2	31	.	0
April . . .	4	11	.	0	2	14	.	0	.	0	.	0
	55	103	29	71	14	105	10	68	18	273	7	106

Tabelle IX.

1909 Januar . .	38	75	83	164	6	45	12	85	5	80	4	65
Februar . .	84	159	72	87	11	73	1	6	2	23	.	0
März . . .	51	69	379	764	3	27	5	30	1	12	.	0
November .	172	388	289	461	15	98	7	51	2	22	4	57
	345	691	823	1476	35	243	25	172	10	137	8	122
1910 Januar . .	15	39	194	291	6	44	9	61	3	38	7	101
Februar . .	18	57	72	81	3	19	.	0	.	0	3	38
März . . .	40	83	53	132	2	15	7	54	4	56	8	122
April . . .	9	12	1	2	1	7	.	0	.	0	.	0
November .	76	162	248	514	16	119	39	304	7	101	18	277
Dezember .	47	82	21	64	4	30	13	111	1	11	5	61
	205	435	589	1084	32	234	68	530	15	206	41	599
1911 Januar . .	39	80	39	71	1	6	4	33	.	0	8	106
Februar . .	34	60	52	96	2	19	6	44	7	106	10	146
März . . .	7	17	3	7	2	14	.	0	1	14	.	0
April . . .	2	5	5	10	.	0	.	0	1	14	1	12
	82	162	99	184	5	39	10	77	9	134	19	264
	632	1288	1511	2744	72	516	103	779	34	477	68	985

A Anzahl der Ausschläge, in Klammern die Anzahl der verloren gegangenen Messungen.

Gewitterregen (Fortsetzung).

	21—50				51—100				$> 100 \; \dfrac{\text{Amp. } 10^{-15}}{\text{qcm}}$			
	+		−		+		−		+		−	
	A	B	A	B	A	B	A	B	A	B	A	B
	.	0	(1)	2	⟩ 65	.	0	(2)	2	⟩ 194	.	0	(2)	2	⟩ 212
(2)	14	⟩ 436	(2)	8	283	.	2	160	(1)	8	494	(7)	7	⟩ 730	(1)	1	112
(1)	10	⟩ 313	(1)	3	107	(5)	6	⟩ 502	.	2	147	.	.	0	(5)	6	666
(2)	17	⟩ 547	(1)	18	⟩ 534	(4)	6	⟩ 504	.	6	387	(1)	1	⟩ 108	.	.	0
.	.	0	(1)	4	121	.	.	0	.	.	0	.	.	0	.	.	0
.	1	37	.	4	140	.	.	0	(1)	1	⟩ 54	.	.	0	.	.	0
(5)	42	⟩1333	(6)	39	⟩1250	(9)	14	⟩1166	(4)	19	⟩1276	(8)	8	⟩ 838	(8)	9	⟩ 990
.	.	0	.	4	158	.	.	0	.	1	58	.	.	0	.	1	124
.	10	309	.	12	462	.	4	311	(2)	7	⟩ 513	(5)	6	⟩ 737	(4)	6	⟩ 706
.	6	209	.	9	311	.	3	184	(2)	11	⟩ 775	(1)	4	566	.	.	0
.	3	76	.	8	272	(1)	1	62	.	4	329	.	.	0	.	1	109
.	3	119	.	18	656	(1)	3	178	.	1	57	.	.	0	.	.	0
.	22	713	.	51	1859	(2)	11	⟩ 735	(4)	24	⟩1732	(6)	10	⟩1303	(4)	8	⟩ 939
(13)	127	⟩4145	(9)	124	⟩4165	(14)	44	⟩3329	(8)	51	⟩3583	(15)	19	⟩2242	(12)	21	⟩2363

Böenregen.

	17	625	(2)	8	⟩ 256	(1)	9	⟩ 676	.	12	921	(9)	10	⟩ 985	(12)	13	⟩1436
(1)	2	⟩ 59	.	3	101	.	1	82	.	1	84	(4)	4	⟩ 412	(2)	2	⟩ 198
.	10	307	.	20	609	(1)	7	⟩ 394	(3)	11	⟩ 779	(5)	5	⟩ 650	(7)	10	⟩1181
(1)	29	⟩ 991	(2)	31	⟩ 966	(2)	17	⟩1152	(3)	24	⟩1784	(18)	19	⟩2047	(21)	25	⟩2815

Hagel und Graupeln.

(1)	7	⟩ 239	.	.	0	.	3	203	.	.	0	.	.	0	.	.	0
.	3	83	(1)	1	⟩ 32	(1)	5	⟩ 377	.	.	0	.	.	0	.	.	0
(1)	3	⟩ 101	(1)	3	⟩ 108	(5)	7	⟩ 647	.	1	93	.	.	0	(1)	1	⟩ 112
.	1	36	.	.	0	.	2	177	.	.	0	(1)	1	⟩ 108	.	.	0
(1)	3	⟩ 97	.	1	27	.	.	0	.	.	0	.	.	0	.	.	0
.	3	147	(1)	3	⟩ 126	.	4	279	.	.	0	.	2	212	.	.	0
.	3	82	.	5	161	.	10	799	.	4	225	.	.	0	.	.	0
.	.	0	.	.	0	.	.	0	.	.	0	.	.	0	.	.	0
.	1	22	.	.	0	(3)	6	331	.	.	0	(10)	10	⟩1068	.	.	0
.	.	0	.	.	0	.	.	0	.	.	0	.	.	0	.	.	0
(3)	24	⟩ 807	(3)	13	⟩ 454	(9)	37	⟩2813	.	5	318	(11)	13	⟩1388	(1)	1	⟩ 112

Schnee.

(2)	10	⟩ 350	(5)	8	⟩ 315	(1)	7	⟩ 561	.	2	145	.	.	0	(1)	1	⟩ 105
.	.	0	.	.	0	.	.	0	.	.	0	.	.	0	.	.	0
.	2	62	.	2	88	.	.	0	(1)	1	⟩ 99	.	.	0	.	.	0
.	.	0	.	5	148	.	.	0	.	.	0	.	.	0	.	.	0
(2)	12	⟩ 412	(5)	15	⟩ 551	(1)	7	⟩ 561	(1)	3	⟩ 244	.	.	0	(1)	1	⟩ 105
(3)	7	⟩ 253	(1)	6	⟩ 208	.	1	61	.	5	412	(2)	3	⟩ 318	.	2	206
.	.	0	.	1	25	.	.	0	.	.	0	.	.	0	.	.	0
.	6	190	(1)	7	⟩ 215	.	.	0	.	1	69	(2)	2	⟩ 208	(8)	8	⟩ 816
.	.	0	.	.	0	.	.	0	.	.	0	.	.	0	.	.	0
(1)	4	⟩ 163	.	14	401	(1)	6	⟩ 479	.	3	178	.	3	324	.	.	0
.	.	0	.	.	0	.	.	0	.	.	0	.	.	0	.	.	0
(4)	17	⟩ 606	(2)	28	⟩ 849	(1)	7	⟩ 540	.	9	659	(4)	8	⟩ 850	(8)	10	⟩1022
.	.	0	.	.	0	.	.	0	(1)	2	⟩ 122	.	.	0	(2)	2	⟩ 248
.	3	100	.	11	370	.	2	166	(2)	3	⟩ 182	.	5	528	(2)	6	⟩ 738
.	4	145	.	3	93	(1)	2	⟩ 111	(1)	7	⟩ 506	(1)	1	⟩ 105	(2)	2	⟩ 244
.	1	27	.	.	0	.	.	0	.	.	0	.	.	0	.	.	0
.	8	272	.	14	463	(1)	4	⟩ 277	(4)	12	⟩ 810	(1)	6	⟩ 633	(6)	10	⟩1230
(6)	37	⟩1190	(7)	57	⟩1863	(3)	18	⟩1378	(5)	24	⟩1713	(5)	14	⟩1483	(15)	21	⟩2357

B Stromstärke in Amp. 10^{-15}.

MIX
Papier aus verantwortungsvollen Quellen
Paper from responsible sources
FSC® C105338

If you have any concerns about our products,
you can contact us on
ProductSafety@springernature.com

In case Publisher is established outside the EU,
the EU authorized representative is:
**Springer Nature Customer Service Center GmbH
Europaplatz 3, 69115 Heidelberg, Germany**

Printed by Libri Plureos GmbH
in Hamburg, Germany